Beruflich Profi oder Amat‹

T0253711

Dirk Preußners

Beruflich Profi oder Amateur?

Was Sie als Ingenieur,
Naturwissenschaftler
oder Informatiker
über Ihren beruflichen Erfolg
wissen müssen

 Springer

Dirk Preußners
Vertriebskompetenz für Ingenieure
Kaiserstraße 31
80801 München
www.preussners.de

ISBN 978-3-540-77423-5   ISBN 978-3-540-77424-2 (eBook)

DOI 10.1007/978-3-540-77424-2

Bibliografische Information der Deutschen Nationalbibliothek
Die Deutsche Bibliothek verzeichnet diese Publikation in der Deutschen Nationalbibliografie; detaillierte bibliografische Daten sind im Internet über http://dnb.d-nb.de abrufbar.

© 2008 Springer-Verlag Berlin Heidelberg

Herstellung: LE-TEX Jelonek, Schmidt & Vöckler GbR, Leipzig
Einbandgestaltung: WMXDesign, Heidelberg

Gedruckt auf säurefreiem Papier

9 8 7 6 5 4 3 2 1

springer.com

Vorwort oder Warum Sie dieses Buch lesen sollten

Wenn Sie fachlich kompetent sind, Ihre Kompetenz jedoch nicht sichtbar machen, dann ist das so, als würden Sie als 5-Sterne-Koch in einer Imbiss-Bude Pommes und Currywurst zubereiten. Niemand könnte ahnen, welche hervorragenden Kochkünste Sie beherrschen. Gleiches gilt für Sie als Ingenieur, Naturwissenschaftler oder Informatiker: Bevor man Sie als kompetent wahrnimmt, müssen Sie erst einmal kompetent wirken.

Fast jeder hält sich in gewisser Weise fachlich für kompetent. Doch was muss man tun, um auch von anderen als fachlich kompetent eingestuft zu werden? Diese Frage wird umso wichtiger, je weniger man seinem Gegenüber bekannt ist. Welche Anhaltspunkte hat jemand, der Sie kennen lernt, um Ihre Kompetenz einschätzen zu können? Zunächst doch nur Ihr Erscheinungsbild und die wenigen Worte, die Sie bei Ihrer eigenen Vorstellung und in den ersten Sätzen des Gesprächs von sich geben. Genau darin liegt der Knackpunkt.

Insbesondere bei neuen Kontakten müssen Sie zunächst bis zu einem gewissen Punkt gelangen, ab dem Sie die Möglichkeit haben, Ihre Fachkompetenz unter Beweis zu stellen. Bis zu diesem Zeitpunkt werden ausschließlich Ihr Aussehen, Ihr Auftreten und das, womit Sie sich umgeben, als Maßstab für Ihre Kompetenz herhalten müssen. Das heißt, bevor jemand Ihre tatsächliche Fachkompetenz bewerten kann, schätzt er Sie nach der von Ihnen ausgestrahlten Fachkompetenz ein. Je fähiger Sie wirken, desto größer sind Ihre Chancen, Gehör zu finden, Ihre Fachkompetenz einsetzen zu können und letztlich Ihre Ziele zu erreichen.

Meistens werden nur ein oder zwei Anhaltspunkte Ihres Äußeren und Ihres ersten Auftretens ausgewählt, um Sie als kompetent oder inkompetent einzustufen – ob Ihnen das gefällt oder nicht. Tatsache ist, dass diese anfängliche Einschätzung den weiteren Verlauf der Beziehung entscheidend beeinflusst. Menschen, die sich sachkundig und fähig darstellen, werden meist automatisch so behandelt, als ob sie ihre Kenntnisse und Fähigkeiten schon unter Beweis gestellt hätten. Sie werden tendenziell von vornherein als leistungsfähig, energiereich und professionell angesehen und ihnen werden häufig verantwortungsvollere Aufgaben übertragen als Personen, deren Kompetenz kaum oder gar nicht sichtbar wird.

Ich zeige Ihnen in diesem Buch, wie Sie Ihre vorhandene Fachkompetenz sichtbar oder noch sichtbarer als bisher machen können. Dieses Buch stellt keine wissenschaftliche Abhandlung dar. Es lädt nicht durch Uni-Gelehrtheit, sondern durch Praxis-Schläue dazu ein, zahlreiche Punkte, die zum Sichtbarmachen Ihrer Kenntnisse und Fähigkeiten beitragen, zu überdenken und Verbesserungen vorzunehmen.

Die nötige Kompetenz zu besitzen, ist die unabdingbare Voraussetzung für beruflichen Erfolg. Nur werden sich wahrscheinlich keine oder nur mäßige Erfolge einstellen, solange andere nicht wahrnehmen, dass Sie fachlich brillant sind. Sie können sich fachlich noch so stark weiterbilden und verbessern, wenn Sie dies nicht auszustrahlen vermögen, dann nutzt Ihnen das vermutlich wenig. Um Ihre Außenwirkung verändern zu können und eine überzeugende Ausstrahlung zu gewinnen, müssen Sie auch Ihre innere Einstellung überprüfen und gegebenenfalls anpassen.

Profis, die sich kontinuierlich erfolgreich weiterentwickeln, gleichen sich hinsichtlich ihrer inneren Einstellung, ihrer Denk- und Handlungsweisen und der Wirkung, die sie nach außen erzielen. „Die Gewinner erkennt man am Start, die Verlierer auch", sagt der amerikanische Volksmund. Und ich bin der Meinung, dass das zutrifft. Die Art und Weise, wie Sie über *etwas* denken und wie Sie *etwas* tun, ist die Art und Weise, wie Sie über *alles* denken und wie Sie *alles* tun!

Es gibt bestimmte Regeln, die man befolgen sollte, um deutliche Erfolge zu erzielen. Diese Regeln sollten Sie kennen und beachten. Und Sie sollten wissen, was hinter diesen Regeln steckt, damit Sie sie im Business jederzeit anwenden können. Um diese Regeln geht es im vorliegenden Buch.

Dieses Buch richtet sich an alle Ingenieure, Naturwissenschaftler und Informatiker, die ihre Fachkompetenz gegenüber Kunden, Geschäftspartnern, Vorgesetzten, Mitarbeitern und Kollegen noch sichtbarer machen wollen, um ihre beruflichen Ziele leichter und effizienter zu erreichen.

Sicherlich haben Sie bereits Bücher zu den Themen Erfolg, Karriere und Business-Etikette gelesen. Doch das Buch, das Sie jetzt in Händen halten, ist anders. Es besticht durch seine absolute Praxisnähe. Gespräche mit Fach- und Führungskräften aus der Industrie sowie mit Unternehmern und Freiberuflern über Situationen des alltäglichen Geschäftslebens haben zum Inhalt beigetragen. Dies sind wertvolle Erfahrungen und Erkenntnisse, die ich an Sie weitergebe. Zahlreiche Ideen und Anregungen, wie Sie Ihre Fachkompetenz verstärkt sichtbar machen und damit Ihren beruflichen Erfolg steigern können, liegen vor Ihnen. Hier geht es nicht um richtig oder falsch, sondern darum, was sich in der Praxis gezeigt und bewährt hat.

Lassen Sie Seite für Seite auf sich wirken. Wenn Sie durch dieses Buch auch nur einen förderlichen Denkanstoß erhalten, dann – so meine ich – hat sich das Lesen für Sie bereits gelohnt.

Im ersten Teil des Buches liefere ich Ihnen gute Gründe, sich detailliert mit der Frage auseinanderzusetzen, wie Kompetenz sichtbar gemacht werden kann. Im zweiten Teil beleuchte ich die Bedeutung der inneren Einstellung und der klaren Ausrichtung auf Ziele. Im dritten Teil bekommen Sie die Instrumente an die Hand, die Sie für die Umsetzung brauchen. Jeder der aufgeführten Faktoren gleicht einem Musikinstrument, in der Gesamtheit ergibt sich ein Orchester. Je virtuoser die Instrumente gespielt werden und je harmonischer sie aufeinander abgestimmt sind, desto größer der Wohlklang und desto begeisterter das Publikum.

Viele frische Ideen und gutes Gelingen wünscht Ihnen

München, im Februar 2008   *Dirk Preußners*

Anmerkung: Um das Lesen zu erleichtern, habe ich ein einheitliches grammatikalisches Geschlecht gewählt.

Inhaltsverzeichnis

X

Teil I

Unsichtbares sichtbar machen

1 Kompetent zu sein, reicht nicht aus

Was Sie erwartet:

> Kommunikation: Kompetenz nicht nur haben, sondern auch zeigen
> Zusammenhang: Eine Reihe von äußeren Faktoren lässt auf Fachkompetenz schließen
> Profilierung: Die Person als Marke
> Professionalität: Der Profi zeigt, was er kann

Sie können noch so viele Kenntnisse und Fähigkeiten haben. Erfolg wird nur demjenigen zuteil, der es versteht, diese auch sichtbar zu machen.

Wenn Sie jahrelang gearbeitet haben, um Ihre hohe fachliche Kompetenz zu erreichen und diese dann nicht sichtbar machen, so ist das, als wenn ein Pilot einen Jumbo-Jet auf 11.000 Meter Flughöhe bringt und dann die Triebwerke ausschaltet.

1.1
Wie macht eine Banane ihre Kompetenz sichtbar?

Die „Kompetenz" einer Banane besteht – im übertragenen Sinne – aus Frische, Geschmack, Geruch, Konsistenz, Anteile an Ballaststoffen, Vitaminen, Mineralstoffen (Eisen, Kalium, Magnesium, Mangan). Was der Konsument allerdings von einer Banane zunächst nur wahrnimmt, ist ihr äußeres Erscheinungsbild. Von diesem Erscheinungsbild schließt er aufgrund seines Erfahrungswissens auf die oben genannten unsichtbaren Faktoren.

Die Banane in Bild 1.1 lässt auf falsche Lagerung schließen oder auf mangelnde Frische. Tatsache ist, dass wir davon ausgehen können, dass diese Banane „inkompetent" ist, also nicht unseren Erwartungen entspricht.

Die Banane in Bild 1.2 sieht aus wie aus dem Bilderbuch. Hier übertragen wir das einwandfreie optische Erscheinungsbild auf die

3

„Kompetenz" der Banane und kommen mit großer Wahrscheinlichkeit zu dem Schluss, dass diese Banane frisch, der Geschmack ausgeprägt, die Konsistenz optimal und der Anteil an Inhaltsstoffen ausgewogen ist.

Bild 1.1 Eine Banane, die ihre Kompetenz nicht sichtbar macht

Bild 1.2 Eine Banane, die ihre Kompetenz sichtbar macht

1.2
Wie macht ein chinesisches Importauto seine Kompetenz sichtbar?

„Das Auto hier entspricht den neuesten technischen Entwicklungen", sagt der Verkäufer und zeigt auf ein chinesisches Importauto.

Woran machen Sie als Kunde fest, ob es wirklich den technischen Entwicklungen entspricht, wie es der Verkäufer beteuert? Welche Äußerlichkeiten übertragen Sie auf das eigentliche Produkt Auto?

Vielleicht sind es: Die repräsentative Erscheinung des Autohauses, die Werbung, die Sie über dieses Fahrzeug gesehen haben, der Eindruck, den Sie vom Innenraum des Fahrzeugs haben, das professionelle Auftreten des Verkäufers, die fachkundigen Antworten des Verkäufers?

Wie dem auch sei. Eines steht fest: Sie werden das Fahrzeug nicht zerlegen, um den technischen Stand zu prüfen. Wenn Sie dieses Auto kaufen, so basiert Ihre Kaufentscheidung auf äußeren Merkmalen des Produkts und des Umfelds.

Hier einige Beispiele im Zusammenhang mit dem Kauf eines neuen Autos:

Merkmal	Sichtbarmachung von
Zuvorkommender Verkäufer	Kundenfreundlichkeit
Einwandfreie Kleidung des Verkäufers	Vertrauenswürdigkeit
Pünktlichkeit des Verkäufers	Wertschätzung
Getränke und Snacks	Großzügigkeit
Saubere Werkstatt	Professionalität
Referenzen/positive Äußerungen von Kunden	Risikominimierung

1.3
Wie machen Sie Ihre Kompetenz sichtbar?

Ein neuer Kunde, der einen Vertriebsmitarbeiter fachlich noch nicht beurteilen kann oder ein Personalchef, der einen Bewerber fachlich noch nicht einschätzen kann, überträgt das, was er von seinem Gegenüber sieht und hört, auf dessen fachliche Kompetenz. Bevor man die Möglichkeit hat, die Fachkompetenz wirklich zu beurteilen, hat man nur die äußeren Faktoren als Anhaltspunkte.

Bild 1.3 Man kennt Sie nicht und kann Ihre Fachkompetenz nicht beurteilen – äußere Faktoren führen zu einer Annahme über die Fachkompetenz

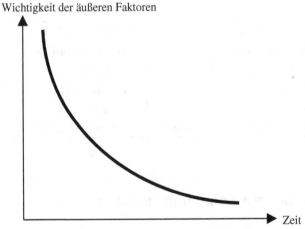

Bild 1.4 Die Gleichsetzung der äußeren Faktoren mit der Fachkompetenz nimmt mit der Zeit ab, da man sich besser kennen lernt und zunehmend die wahre Fachkompetenz beurteilen kann

Bild 1.5 Man kennt Sie und kann Ihre Fachkompetenz beurteilen – äußere Faktoren unterstützen oder untergraben die Wahrnehmung Ihrer Fachkompetenz

Jede Branche hat Ihre eigenen Spielregeln in Bezug auf die Anforderungen an die optimale Art und Weise, wie Fachkompetenz sichtbar gemacht wird. Mit diesen Regeln sollten Sie sich vertraut machen und sich danach richten.

1.4
Sie sind das Produkt

Sehen Sie sich ruhig einmal als „Produkt", das vermarktet werden soll. Erlauben Sie mir, dass ich Sie mit einer Flasche Mineralwasser vergleiche: Einen Liter Mineralwasser gibt es im Supermarkt schon für 25 Cent. Daneben gibt es auch teures Mineralwasser für 2,50 € pro Liter, und die Leute kaufen es. Sie kaufen ein Produkt zu diesem hohen Preis, das sie eigentlich für weniger als einen Cent aus dem Wasserhahn zu Hause zapfen könnten. Überlegen Sie mit mir warum?

Der Grundnutzen, den Durst zu löschen, ist bei allen Wässern gleich. Doch der Zusatznutzen der Mineralwässer ist jeweils ein anderer: Ursprünglichkeit, Gehalt an Mineralien, besondere Herkunft, Form und Farbe der Flasche, Gestaltung des Etiketts etc.

Dieses Beispiel bringe ich auch im Seminar an. Manche Seminarteilnehmer fragen mich daraufhin, ob der Vergleich nicht hinkt. Meine Antwort lautet: Nein!

Ich will mein Nein erläutern: Die Vermarktung von Mineralwässern ist mit der Vermarktung Ihrer Kenntnisse und Fähigkeiten weitestgehend vergleichbar. Dadurch, dass Sie spezielle Merkmale haben und diese auch werbewirksam sichtbar machen, werden Sie zu einem besonderen „Produkt":

- Sie zeigen Qualität – Stärke, Leistungsfähigkeit und Professionalität. Dies gibt den Menschen um Sie herum Vertrauen und Sicherheit.
- Sie zeigen, was Sie von vergleichbaren Personen unterscheidet. Das verleiht Ihnen Einzigartigkeit und macht Sie attraktiv.
- Sie machen sich durch ein bestimmtes Erscheinungsbild selbst zur „Marke". Das hebt Ihr Ansehen, erhöht Ihren Bekanntheitsgrad und Ihr Preisniveau.

Als besonderer „Markenartikel" heben Sie sich von der Masse ab, betonen Ihre Stellung innerhalb und außerhalb Ihres Unternehmens und rechtfertigen damit einen überdurchschnittlichen Preis. Ihr Unternehmen ist stolz auf Sie und Sie sind wertvoll für Ihre Kunden und Geschäftspartner. Darüber hinaus geben Sie anderen Menschen die Möglichkeit, sich über Sie zu identifizieren.

Sich als „Markenprodukt" zu positionieren, wird umso wichtiger, wenn Sie einen Beruf ausüben, bei dem Sie Aufgaben erledigen, die nicht direkt greifbar sind. Insbesondere dann müssen Sie Ihre Fachkompetenz so sichtbar machen, dass Sie von jedem sofort wahrgenommen werden kann, um Aufmerksamkeit zu erregen und Anerkennung zu bekommen.

1.5
Es ist Ihre Entscheidung

Sie sind zur Schule gegangen, haben eine Berufsausbildung abgeschlossen, Sie haben vielleicht studiert und womöglich sogar promoviert. Sie haben sich das Werkzeug für Ihre Karriere über Jahrzehnte mühsam erarbeitet. Sie haben sich um Ihren ersten Job beworben, sind im Bewerbungsverfahren in die engere Wahl gezogen worden. Einschlägige Bewerbungsliteratur hat Ihnen nahe gelegt, sauber und ordentlich zum Bewerbungsgespräch zu erscheinen, um die angestrebte Position zu bekommen. Sie halten sich daran, machen auch sonst eine gute Figur und bekommen die Gelegenheit durchzustarten. Während Ihrer Ausbildung haben Sie fast ausschließlich fachliches Know-how erarbeitet. Jedoch hat Ihnen niemand vermittelt, wie Sie diese Fachkompetenz wirkungsvoll sichtbar machen können. Die Menschen, die Sie umgeben, sind keine Hellseher und können Ihre Kenntnisse und Fähigkeit nicht erahnen. Nun gilt es, zu zeigen, was Sie können!

Kompetenz sichtbar zu machen, bedeutet: Initiative an den Tag zu legen, Aufgaben kraftvoll anzupacken, neue Herausforderungen anzunehmen, sich Ziele zu setzen und beharrlich zu verfolgen, auch einmal Unbequemlichkeiten in Kauf zu nehmen, Steine aus dem Weg zu räumen und Hürden zu überwinden.

1.6
Profi mit Profil

Profi sein oder nicht sein, Profil zeigen oder nicht zeigen – es gibt vier mögliche Fälle:

- Sie sind kein Profi und geben auch nicht vor, einer zu sein: Aussichtslos! Sie nehmen sich nichts vor und erreichen vermutlich auch nichts Wesentliches.

- Sie sind kein Profi, verhalten sich jedoch wie einer: Dumm! Der Schuss wird nach hinten losgehen. Ein derartiges Vorgehen ist nur peinlich und wird Sie früher oder später in den Strudel des Verlierens hinunterziehen.

- Sie sind Profi und zeigen es nicht: Schade! Sie lassen ungeahntes Potenzial achtlos links liegen. Sie werden vermutlich insbesondere von denen gemocht, die sich Ihrer exzellenten Kenntnisse und Fähigkeiten bedienen.

- Sie sind Profi und zeigen es: Hervorragend! Sie werden bereits die Erfahrung gemacht haben, dass Sie eine große Portion Anerkennung und Respekt empfangen durften, noch bevor Sie Ihre Fachkompetenz überhaupt unter Beweis stellen konnten. Das stärkt nicht nur Ihr Selbstvertrauen, sondern senkt auch die „gefühlten" Risiken in den Augen derer, die sich beruflich auf Sie einlassen.

Für alle, die sich bei den beiden letzteren Punkten wiedererkannt haben, ist dieses Buch geschrieben. Probieren Sie die Denkanstöße in diesem Buch aus. Um Neues zu erfahren, muss man sich von Altem trennen. Nur wenn Sie das ausgediente Seil mit beiden Händen loslassen, haben Sie die Möglichkeit, nach Neuem zu greifen.

2 Was Sie ausstrahlen

Was Sie erwartet:

➤ Unverkennbar: Man schließt vom Äußeren aufs Innere
➤ Empfehlenswert: Sich an die gesellschaftlichen Regeln halten
➤ Unerlässlich: Das Image sorgsam pflegen
➤ Erfolgsentscheidend: Mit passenden Statussymbolen Signale setzen

Wie auch immer Sie aussehen, was auch immer Sie sagen und tun: Sie senden Botschaften aus und geben Ihrem Gegenüber Informationen preis, die er auf Ihre Fachkompetenz überträgt. Seien Sie sich dessen bewusst!

Überlegen Sie sich bitte einmal, von welchen Kriterien der Großteil der Bevölkerung die Wahl einer politischen Partei abhängig macht. Wie viele der zur Wahl schreitenden Personen beschäftigen sich mit den detaillierten Zielen oder dem Wahlprogrammen der Parteien? Wie viele treffen Ihre Entscheidung aufgrund der wahrgenommenen (vermuteten!) Kompetenz und der Sympathie derer, die die Partei repräsentieren? Später ist das Geschrei groß, wenn die wahrgenommene Kompetenz der Politiker nicht der Wirklichkeit entspricht und von den eigenen Interpretationen abweicht. – Man merkt sich in der Regel eben zuerst die Melodie eines Songs und achtet dann erst auf den genauen Text.

Schon oft habe ich gehört: „Ich bin so wie ich bin, und ich will mich nicht verstellen." Wenn Sie so aussehen wie Quasimodo, dann dürfen Sie auch nicht erwarten, dass man Sie als kompetent einstuft. Es gelten bestimmte Regeln, die alle anderen und nicht Sie festgelegt haben. Und wer sich nicht an die Regeln hält, scheidet aus!

Wenn Sie aufgrund von Äußerlichkeiten und gezeigter Haltung keine Rückschlüsse auf die Kompetenz eines Menschen ziehen – was ich bezweifeln möchte –, dann ist das in Ordnung. Nur handhaben das die meisten Menschen anders.

2.1
Was denken Sie?

Prüfen Sie sich selbst. Was denken Sie über die Fachkompetenz von Leuten, die:

ein Mobiltelefon an der Anzuggürteltasche befestigt haben?

---

einen altmodischen und abgetragenen Anzug tragen?

---

kurz angebunden und unfreundlich zu Anrufern sind?

---

nervös und hektisch sind?

---

sich ständig über Lappalien aufregen?

---

ein vernachlässigtes Auto fahren?

---

den Mund zum Besteck führen und essen wie ein zweijähriges Kind?

Ihnen berichten, dass sie 14 Stunden täglich arbeiten?

---

einen chaotischen und voll gepackten Schreibtisch haben?

Notieren Sie sich einige Stichworte. Sind diese Stichworte positiv in Bezug auf die angenommene Fachkompetenz? Sicherlich nicht.

Da Sie vermutlich nicht bei der Bundeswehr Ihren Dienst tun, wo Rang, Kompetenzen, Rechte und Pflichten durch die verschiedenen, schon an der Uniform ablesbaren Dienstgrade sichtbar gemacht werden, müssen alternative Instrumente her. In der Wirtschaft machen Sie Ihren Rang und Ihren Status auf andere Art und Weise sichtbar.

2.2
Gut fürs Image

Welches Image bestimmte Produkte hervorrufen, entscheidet das soziale Umfeld, in dem Sie sich bewegen. Wie äußere Faktoren betrachtet werden, legen weder die Hersteller einzelner Produkte fest noch Sie.

Sorgen Sie für einwandfreie und aufeinander abgestimmte Signale, so dass Sie bis zu dem Punkt gelangen, ab dem Sie mehr und mehr Ihre wahre Fachkompetenz zeigen können.

Wenn Ihre Kleidung in einem einwandfreien Zustand ist und Sie insgesamt gepflegt erscheinen, so geht man davon aus, dass Sie bei der Erledigung Ihrer beruflichen Aufgaben mit derselben Einstellung vorgehen.

Wenn Sie freundlich und sympathisch auftreten, dann vermitteln Sie Ihrem Gesprächspartner, dass Sie ihm entgegenkommen und sich auch im Falle eines Konflikts um eine für beide Seiten akzeptable Lösung bemühen.

Wenn Sie pünktlich sind und sich gründlich auf einen Termin vorbereitet haben, so zeigen Sie dem Kunden, dass er Ihnen wichtig ist und Sie ihm Respekt entgegenbringen.

Diese Aufzählung ließe sich endlos fortsetzen.

2.3
Statussymbole: Schein oder Sein?

Vereinfacht ausgedrückt spiegeln Statussymbole den sozialen Status wider, den sein Besitzer zeigen möchte. Indirekt zum Ausdruck gebracht werden unter anderem: Einkommen, Bildungsstand, Erfolg und Gruppenzugehörigkeit. Klassische Statussymbole sind beispielsweise: Auto, Uhr, Titel, Beziehungen zu angesehenen, berühmten und erfolgreichen Personen über Netzwerke oder durch die Mitgliedschaft in bestimmten Clubs.

Zahlreiche Arbeitnehmer möchten gern für renommierte Unternehmen arbeiten. Sie hoffen, dass das positive Image des Unternehmens auf sie übertragen wird.

Statussymbole werden meistens mit Prestige gleichgesetzt. Man nimmt an: Wer sich eine große Wohnung und ein teures Auto leistet, der ist erfolgreich und verdient viel Geld. Wer viele Bücher besitzt, der liest viel und ist gebildet. Wer sich exklusiv kleidet, ist elitär und wohlhabend. Hier wirkt die Macht der Statussymbole, wovon sich nur die wenigsten Menschen freisprechen können.

Auf der anderen Seite kann man aber auch offensichtlich machen, dass man einen niedrigen gesellschaftlichen Status und ein geringes Bildungsniveau hat, zum Beispiel indem man sich häufig der Vulgärsprache bedient oder schlechte Umgangsformen hat. Auch dies hat Symbolcharakter!

Statussymbole werden sowohl dazu benutzt, einen höheren Status zu zeigen, als man ihn inne hat (Schein) – als auch, um seine Fachkompetenz zu unterstreichen (Sein). Ich gehe davon aus, dass Sie nur so viel Schein ausstrahlen wollen, wie es Ihrem Sein entspricht.

Achten Sie darauf, dass Ihre Botschaften zusammen passen. Mit teurem Auto und perfekt sitzendem Anzug oder Kostüm, aber ungepflegter Sprache und nachlässigen Manieren geben Sie Ihrem Gegenüber Widersprüchliches mit auf den Weg, das im Normalfall zu Ihren Ungunsten interpretiert wird. Geben Sie ein stimmiges, einheitlich positives Bild ab, mit dem Sie Ihr Gegenüber von Anfang an für sich einnehmen.

3 Ihr Weg nach oben

Was Sie erwartet:

> Unbeirrt seinen Weg gehen: Man kann es nicht jedem recht machen

> Bei allem Karrierestreben: Kollegial und fair bleiben

> Nicht übertreiben: Aufstieg mit Maß und Ziel

Wenn Sie Ihre Fachkompetenz demnächst besser zur Geltung bringen, werden Sie nicht nur auf Wohlwollen und Anerkennung, sondern auch auf Skepsis oder gar Ablehnung stoßen. Nicht alle Menschen um Sie herum sind gleichermaßen daran interessiert, dass Sie mit Ihren Kenntnissen und Fähigkeiten auf sich aufmerksam und von sich reden machen.

Gehen wir einmal die einzelnen Personen bzw. Personengruppen miteinander durch. Wie sind deren Reaktionen und warum sind die Reaktionen so?

3.1
Unterschiedliche Reaktionen

3.1.1
Ihr Vorgesetzter

Wenn Ihr Vorgesetzter selbst ein richtiger Profi ist und sich auch als solcher zeigt, dann wird er Sie in Ihrem Tun unterstützen. Er weiß, wie wichtig es im eigenen Unternehmen und im Markt ist, sich zu profilieren.

Wenn Ihr Vorgesetzter schon jahrelang vor sich hindöst, wird es ihm wahrscheinlich nicht gefallen, wenn Sie stärker hervortreten. Er wird Zweifel anmelden und versuchen, Sie zurückzuhalten. Was ja auch nachvollziehbar ist, denn er möchte, dass Sie auch weiterhin unauffällig die diversen lästigen Aufgaben für ihn erledigen.

15

Ihr direkter Vorgesetzter hat in den wenigsten Fällen Interesse daran, Sie groß herauszubringen oder Ihre Karriere zu fördern. Welche Motivation sollte er auch haben? Der Weg nach oben geht rechts oder links am Vorgesetzten vorbei, aber selten über ihn.

Gefördert werden Sie von Personen, die eine höhere Position als Ihr direkter Vorgesetzter haben und denen Sie auf höherem Posten größeren Nutzen bringen.

3.1.2
Ihre Kollegen

Ihre Kollegen haben in den meisten Fällen wenig Interesse daran, dass Sie durch eine besser sichtbar gemachte Fachkompetenz noch erfolgreicher werden. Schließlich stehen sie mit Ihnen auf einer Ebene. Und von dort aus will doch fast jeder den Weg nach oben gehen. Das führt schnell zu Konkurrenzdenken. Sehen Sie negative Bemerkungen seitens Ihrer Kollegen unter diesem Blickwinkel und machen Sie sich nicht allzu viel daraus.

Bewahren Sie einen guten kollegialen Kontakt zu ihnen und haben Sie ein offenes Ohr für ihre Sorgen und Nöte. Lassen Sie sich aber von Ihren Kollegen nicht karriereschädlich beeinflussen.

3.1.3
Ihre Mitarbeiter

Ihre Mitarbeiter haben durchaus ein Interesse daran, einen Vorgesetzten zu haben, der seine Fachkompetenz noch stärker sichtbar macht. Aus einem ganz einfachen Grund: Wenn Sie eine größere Akzeptanz innerhalb des Unternehmens und im Markt erreichen, dann assoziieren Ihre Mitarbeiter damit, dass sie selbst ebenfalls glanzvoller dastehen und schneller beruflich weiterkommen.

Sie wiederum profitieren von motivierteren Mitarbeitern, die dafür sorgen, dass in Ihrem Bereich die Ernte am Ende des Jahres wesentlich besser ausfällt und Sie größeres Ansehen – zumindest innerhalb des Unternehmens – erlangen.

Selbstverständlich ist es wichtig, dass Sie für Ihre Mitarbeiter da sind, wenn diese sich Rat suchend an Sie wenden. Mit Ihrem Know-how und Ihrer Erfahrung können Sie sie sicher wirkungsvoll unterstützen und zum schnelleren und besseren Arbeitsergebnis beitragen.

3.1.4
Ihre Kunden und Geschäftspartner

Einige wenige Kunden oder Geschäftspartner werden Ihrer deutlicheren Profilierung gleichgültig oder sogar skeptisch gegenüberstehen; vielleicht weil sie neidisch auf Sie sind, vielleicht weil Veränderungen zunächst irritieren und unsicher machen. Lassen Sie sich davon nicht beirren!

Den meisten Kunden und Geschäftspartnern wird es sofort gefallen, wenn Sie noch mehr zeigen, was Sie drauf haben. Sie erkennen klar den Nutzen, den sie aus Ihrer Kompetenz ziehen. Etliche werden begeistert sein, voller Stolz sagen zu können, dass sie Sie persönlich kennen. Ist das nicht schön?

3.1.5
Ihr Partner/Ihre Partnerin

Jeder hat gern einen erfolgreichen Partner. Es sei denn, er hat ein Problem mit sich und dem eigenen Selbstwertgefühl oder er setzt auf eine völlig andere Werteskala à la „Erfolg und Geld sind nicht wichtig". In aller Regel aber wird Ihr Partner/Ihre Partnerin sich mit Ihnen über Ihren Erfolg freuen. Lassen Sie mich hier anmerken: Bei allem beruflichen Engagement dürfen Partnerschaft und Familie nicht zu kurz kommen. Achten Sie auf eine gesunde Balance!

Fazit: Sie müssen vor allem die Personen, die eine oder mehr Etagen über Ihrem Chef arbeiten, sowie Kunden, Geschäftspartner und Menschen aus Ihrem Netzwerk überzeugen, nicht unbedingt Ihren direkten Vorgesetzten, Ihre Kollegen und Mitarbeiter!

3.2
Das rechte Maß

Finden Sie das Optimum, wenn Sie daran gehen, Ihre Fachkompetenz sichtbar zu machen. Das heißt, dass Sie nicht übertreiben dürfen. Manchmal ist weniger mehr.

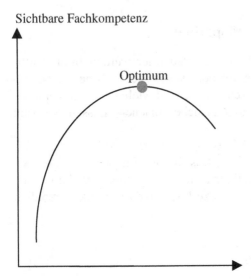

Bild 3.1 Ihre sichtbar gemachte Fachkompetenz hat an einem bestimmten Punkt ein Optimum erreicht

Wer seine Fachkompetenz perfekt zeigt, bekommt irgendwann sein Geld nicht mehr nur für seine fachliche Brillanz, sondern auch dafür, dass er die anderen Mitarbeiter des Unternehmens mitreißt und zu großen Taten motiviert. Und auch dafür, dass er die Außenwirkung des Unternehmens verbessert und zu dessen Renommee beiträgt.

Deshalb werden ab einer bestimmten Hierarchiestufe extrem hohe Gehälter gezahlt und zahlreiche Zusatzleistungen gewährt. Das, was diese Personen dem Unternehmen bringen, ist meist nicht messbar, aber merkbar. Und das wird honoriert. Was sie einbringen: ihren guten Ruf und ihre Ausstrahlung von Erfolg – hervorgerufen durch klar ersichtliche Kompetenz.

Teil II

Ihre innere Einstellung

1 Ihre Erfolgshemmer: Bremsen lösen und in Fahrt kommen

Was Sie erwartet:

> Schluss mit negativ: Positiv gestimmt durch den Tag kommen
> Informationsflut: Das Positive suchen
> Ärger schwächt: Drum prüfe, wer sich ärgert
> Keine falsche Bescheidenheit: Sich zeigen ist angesagt
> Jammern war gestern: Handeln statt klagen

Viele lassen sich morgens vom Radiowecker wecken und werden mit den Frühnachrichten schon negativ auf den Tag eingestimmt. Später setzen sie sich ins Auto, stehen im Nerven zehrenden Stau, und bekommen übers Autoradio erneut Negativmeldungen serviert.

Im Büro angekommen, haben sie schon so viele Hiobsbotschaften über Kriege, Unfälle, Naturkatastrophen, Politdebakel, Arbeitslosigkeit, Preiserhöhungen gehört, dass sie gar nicht mehr positiv in den Arbeitstag starten können. Dann rappeln sie sich auf, um die unzähligen lästigen Mails zu lesen; oft nur Forderungen von Kollegen und Vorgesetzten und wenig Lob. Am Mittag schleppen sie sich in die Kantine, um mit reichlich fettem Essen ihren Frust zu besänftigen.

Nach dem Mittagessen lesen sie womöglich noch die Zeitung und bekommen die Schreckensmeldungen diesmal in schriftlicher Form. Am Abend fahren sie nach Hause und hören wieder die aktuellen Nachrichten im Radio. Noch immer geben diese wenig Anlass zur Freude.

Nach einem hastigen Abendessen mit der Familie setzen sie sich um 20 Uhr vor den Fernseher, um sich von der Tagesschau über das Weltgeschehen informieren zu lassen. Völlig erschöpft sehen sie sich anschließend noch irgendeinen Spielfilm an, in dem mit einiger Wahrscheinlichkeit Mord und Totschlag vorkommen. Sie wollen sich noch ein Highlight an diesem Tag gönnen und öffnen eine Flasche Wein, die sie austrinken.

Am nächsten Tag fühlen sie sich, als ob sie in einem rotierenden Betonmischer übernachtet hätten. Ein neuer Tag in derselben Negativspirale beginnt.

1.1
Die richtige Nahrung für den Geist

Überdenken Sie bisherige Gewohnheiten und passen Sie auf, mit welchen Informationen Sie Ihren Geist füttern!

Neben der körperlichen Hygiene gibt es auch so etwas wie Gedanken-Hygiene, die dafür sorgt, dass Sie psychisch stabil bleiben. Vermindern Sie die Flut negativer Informationen und beschränken Sie sich darauf, nur einmal täglich Nachrichten zu hören oder zu sehen, am besten mit Hintergrundinformationen, so dass Sie in Gesprächen zu aktuellen Themen fundiert mitreden können.

Halten Sie Ihr Hirn frei von „Krankheitserregern". „Desinfizieren" Sie es im übertragenen Sinne regelmäßig, indem Sie negative Gedanken mit positiven kompensieren. Suchen Sie sich bewusst Quellen der Freude. Nutzen Sie zum Krafttanken Ihren Partner/Ihre Partnerin, Ihre Familie oder Ihre Freunde.

Starten Sie gutgelaunt und optimistisch in jeden Tag. Bevor Sie in den Dschungel des Berufsalltags eintauchen, sollten Sie ein morgendliches Ritual haben, das Sie positiv auf den Tag einstimmt. Ob Sie joggen gehen, Ihren Hund ausführen oder sich nur vor den Spiegel stellen und sich sagen, dass Sie einfach der Größte sind, ist egal. Derart konditioniert gelingt Ihnen alles, was Sie im Laufe des Tages anpacken, viel müheloser.

Reduzieren Sie Ihren Fernsehkonsum. Die meisten Fernsehsendungen sind für Personen konzipiert, in deren Leben nicht viel passiert und die sich auf diese Weise ein wenig Spannung in ihr Leben bringen lassen wollen.

Unternehmen Sie mehr mit Ihrer Familie, Ihrem Partner oder mit Freunden und Bekannten. Das schafft einen guten Ausgleich zu Ihren beruflichen Herausforderungen.

Lesen Sie mehr. Diese Empfehlung haben Sie schon oft gehört? Haben Sie sie auch schon umgesetzt? Ich rate Ihnen: Tun Sie es! Lesen Sie pro Woche ein Buch, das Ihnen Spaß macht oder das Sie beruflich weiterbringt. Am besten abwechselnd – vielleicht geht auch beides in einem. Wenn Sie für ein Buch durchschnittlich 19 € investieren, haben Sie für knapp 1000 € im Jahr Spaß und Weiterbildung in einem fantastischen Preis-Leistungsverhältnis.

1.2
Den Ärger beherrschen

Wenn Sie Ihren Ärger nicht unter Kontrolle haben, wird er sich negativ auf Ihre Ausstrahlung und auf das Sichtbarmachen Ihrer Fachkompetenz auswirken. Ärger hindert Sie daran, zu erreichen, was Sie sich vorgenommen haben. Deshalb ärgert Sie dann auch noch der Ärger.

Gehen Sie professionell mit Ärger um und tun Sie alles, um ihn zu bewältigen. Die meisten Ärger-Quellen sind es gar nicht wert, sich darüber aufzuregen. Vor allem: Achten Sie darauf, dass Ärger nicht zur Gewohnheit wird.

Wenn Sie das nächste Mal drauf und dran sind, sich über etwas zu ärgern, dann fragen Sie sich doch zuerst, inwieweit sich das, worüber Sie sich ärgern würden, überhaupt auswirkt auf

- Ihre Zeit,
- Ihre Finanzen,
- Ihre Gesundheit,
- Ihre Weiterentwicklung,
- die Erreichung Ihrer Ziele.

Wenn nichts zutrifft, warum wollen Sie sich den Ärger überhaupt antun?

Prüfen Sie, ob Sie auf die Dinge, die Ihren Ärger hervorrufen, Einfluss nehmen können. Wenn ja, tun Sie, was zu tun ist. Nehmen Sie aufkeimenden Ärger als Hinweis auf eine Situation, die Sie sich anders wünschen. Unternehmen Sie Schritte, damit Ihre wichtigen Bedürfnisse erfüllt werden. So nutzen Sie Ihren Ärger positiv, nämlich um etwas in Ihrem Sinne zu verändern.

Wenn Sie hingegen bemerken, dass Ihr Ärger sich auf Dinge richtet, die Sie nicht beeinflussen können, dann überlegen Sie es sich zweimal, ob sich der Ärger überhaupt lohnt. Ich meine: Nein. Denn er schadet Ihnen nur. Sich ständig zu ärgern, ist so, als wenn Sie jeden Tag eine kleine Portion Rattengift schlucken. Lange macht es nichts aus, doch dann sind Sie auf einen Schlag todkrank.

Behalten Sie den Blick für die Dimension. Wenn die Sonne scheint, Ihr Job Ihnen Freude macht und Erfolg beschert und Sie sich bester Gesundheit erfreuen, dann ärgern Sie sich vielleicht über den kleinen Stau auf der Autobahn.

Wenn Ihr Job in Gefahr ist, dann wäre derselbe Stau wahrscheinlich eine Lappalie. Und wenn der Arzt bei Ihnen eine schwere Krankheit diagnostiziert, dann sind ab diesem Moment weder der Stau noch der Job wichtig. Alles eine Frage der Relation.

Wie dem auch sei. Wiederholter Ärger lässt Sie alt, mürrisch und energielos erscheinen. Er raubt Ihre Konzentration und Schaffenskraft und macht Sie unleidlich. Er verleitet Sie dazu, Dinge zu sagen und zu tun, die Sie sonst nicht sagen oder tun würden. Am Ende gehen Ihnen die Menschen sogar aus dem Weg oder sagen oder tun ihrerseits Dinge, die Ihnen nicht gefallen. Die Menschen in Ihrer Umgebung haben Sie gern in einem ärgerresistenten Zustand. Sie schätzen Ihre Ausgeglichenheit und Gelassenheit. Und genau so machen Sie Ihre Fachkompetenz souverän sichtbar.

Ich will noch hinzufügen: Je mehr Sie sich ärgern und anklagend denken, desto mehr ziehen Sie das Negative an wie ein Magnet. Zudem richtet sich Ihr Bewusstsein verstärkt auf bisher nicht wahrgenommene kleine Ärgernisse. Diese entwickeln sich so regelrecht zu Monstern, die immer übermächtiger werden und Ihnen keine Ruhe mehr lassen.

Da hilft nur: Umdenken und konsequent den Blick auf die Dinge richten, die gut laufen, die Freude schenken, die aussichtsreich sind.

1.3
Bescheidenheit ist eine Zier?

Lösen Sie sich von der Einstellung, dass Sie mit Bescheidenheit weiter kommen. Ganz im Gegenteil. Je bescheidener und zurückhaltender Sie sich geben, desto weniger Fachkompetenz wird Ihnen zugesprochen. Bescheidenheit signalisiert, dass Sie sich mit wenig zufrieden geben. Warum sollten Sie sich mit wenig zufrieden geben, wenn Sie fachlich der Primus inter Pares (Erster unter Gleichen) sind? Also: Weiter kommen Sie ohne Bescheidenheit!

Nutzen Sie sich bietende Gelegenheiten, um auf Ihr Können und Ihre Leistungen hinzuweisen. Sie dürfen stolz sein auf sich und das, was Sie erreicht haben. Achten Sie jedoch stets darauf, dass es nicht so wirkt, als würden Sie auf andere herabschauen. Würdigen Sie ebenso die Leistungen anderer.

1.4
Der Ausweg aus dem Jammertal

Beherrschen Sie Ihre Probleme und lassen Sie sich nicht von Ihren Problemen beherrschen. Jammern mag Ihnen zunächst Aufmerksamkeit bescheren, ganz sicher aber entfernen Sie sich mit jedem Ausstoß des Jammerns weiter vom erfolgreichen Sichtbarmachen Ihrer Fachkompetenz. Die Menschen um Sie herum werden nicht zu dem Schluss kommen, dass die Probleme für Sie zu groß, sondern dass Sie zu klein für die Probleme sind.

Also: Hören Sie auf mit dem Jammern und packen Sie Ihre Probleme an. Suchen Sie Wege der Problemlösung, suchen Sie sich geeignete Unterstützung, entdecken Sie die Möglichkeiten. Zeigen Sie Lösungskompetenz statt Problembezogenheit!

Amateur ✶

Er lässt sich durch Kleinigkeiten auf die Palme bringen und verliert dadurch seine Hauptziele aus dem Auge. Er ärgert sich oft, sieht unglücklich aus und mag sich genauso wenig wie sein soziales Umfeld ihn mag. Jammern gehört für ihn zum guten Ton.

Profi ✶ ✶ ✶ ✶

Er startet durch und lässt sich durch nichts und niemanden von seinen Zielen abbringen. Er schafft durch private Kontakte einen Ausgleich zu seinen beruflichen Herausforderungen, schaut selten Fernsehen und liest regelmäßig Bücher. Ärgernisse werfen ihn nicht aus der Bahn. Statt zu jammern, findet er Lösungen.

2 Ihre Ausrichtung: Ohne Ziel kein Ankommen

Was Sie erwartet:

> Erfolg ist nicht gleich Erfolg: Die individuelle Klärung
> Ziele definieren: Sich wirksam auf Ziele ausrichten
> Zukunftsbilder: Die Vorstellungen schriftlich festhalten
> Lebensbalance: Unausgewogenheit vermeiden

Sie müssen wissen, wohin Sie wollen! Wenn Sie von München aus in Richtung Nürnberg fahren, dann ist es ungünstig, wenn Sie erst in Ingolstadt merken, dass Sie doch lieber nach Rosenheim möchten.

Zu wissen, was Erfolg für einen bedeutet und an welchem Ziel man letztendlich ankommen möchte, sind Erkenntnisse, die am Anfang aller Aktivitäten stehen sollten. Sonst kann es passieren, dass Sie viel Zeit und Energie vergeuden.

2.1
Erfolg hat viele Gesichter

Klären Sie, was Erfolg für Sie heißt und was für Sie die oberste Erfolgsstufe darstellt: Entwicklungsingenieur, Vertriebsleiter, Geschäftsführer?

Wie erfolgreich wollen Sie in Ihrem Job werden? Erfolgreich, sehr erfolgreich, einer der Erfolgreichsten Ihrer Branche? Was sind Sie bereit dafür zu tun?

Vor einiger Zeit traf ich einen Manager, der mir freudestrahlend berichtete, dass er sich jetzt mit Mitte 30, nachdem er einige Jahre bei einem großen Automobilkonzern gearbeitet hat, einen ruhigen 35-Stunden-Job bei der Stadtverwaltung sucht. Mäßiger Verdienst, aber geregelte Arbeitszeit, kein Stress, viel Freizeit. Warum nicht. Jeder muss für sich selbst herausfinden, was für ihn das Größte ist. Was bedeutet Erfolg für Sie?

2.2
Ziele bestimmen

Um sich klar zu werden, was Sie mit einem verstärkten Sichtbarmachen Ihrer Kompetenz erreichen möchten, müssen Sie für sich klären, was Sie überhaupt in den nächsten Jahren erreichen wollen:

- Was wollen Sie in 1 Jahr erreicht haben?
- Was wollen Sie in 5 Jahren erreicht haben?
- Was wollen Sie in 10 Jahren erreicht haben?

Drei große Zukunftsbereiche (1, 5 und 10 Jahre) sind somit umrissen. Und jetzt ist es interessant, im Einzelnen zu ergründen, wie die Bereiche Beruf, Familie, Umfeld und Persönliches in diesen Zukunftsbereichen aussehen sollen:

- Beruf: Wie stellen Sie sich Ihren Beruf vor (z. B. Unternehmen, Produkte, Position, Gehalt, Ort)?
- Familie: Wie stellen Sie sich Ihr familiäres Umfeld vor (z. B. Familienstand, Wohnort)?
- Umfeld: Wie stellen Sie sich Ihr soziales Umfeld vor (z. B. Freunde, Bekannte)?
- Persönliches: Welche persönlichen Ziele möchten Sie erreichen (z. B. mit dem Fahrrad zum Nordkap)?

Beschreiben Sie Ihre Ziele schriftlich. Tun Sie es hier und jetzt!

In 1 Jahr:

Beruf

Familie

Umfeld

Persönliches

In 5 Jahren:

Beruf

Familie

Umfeld

Persönliches

In 10 Jahren:

Beruf

Familie

Umfeld

Persönliches

Indem Sie Ihre Gedanken zu Papier bringen, sind Sie der Verwirklichung Ihrer Ziele schon ein Stückchen näher gerückt.

Alle Personen, die für das Festhalten ihrer Zielvorstellungen den „richtigen" Zeitpunkt abwarten, verschanzen sich hinter Ausreden. Warum nicht jetzt? Was hindert Sie? Nehmen Sie sich jetzt die Zeit! Es geht um Ihre Zukunft. Vielleicht brauchen Sie zunächst noch eine kreative Entspannungspause, um sich zu sammeln und zu klären. Aber dann: Setzen Sie sich hin und schreiben Sie Ihre Ziele auf!

Schreiben Sie detailliert auf, was Sie bis wann erreichen möchten. Wenn Sie das getan haben, brauchen Sie sich „nur" noch einen Plan zu erstellen, wie Sie Schritt für Schritt Ihre Ziele erreichen.

2.3
Balance halten

Sie müssen Ihre Ziele mit großer Leidenschaft verfolgen, sonst können Sie auf dem Weg dorthin niemanden überzeugen. Allerdings darf die Zielstrebigkeit nicht zur Besessenheit werden, denn das würde über kurz oder lang dazu führen, dass Sie ein einsames Dasein fristen. Einsamkeit wiederum macht unglücklich und sonderbar. Und ein Sonderling zu werden, ist weder für das Sichtbarmachen Ihrer Kenntnisse und Fähigkeiten noch für das Erreichen Ihrer Ziele förderlich.

Viele konzentrieren sich allein auf den Bereich Beruf, um dort erfolgreich zu sein. Das funktioniert allerdings nur eine kurze Zeit, da sie sich ohne intaktes, stützendes soziales Umfeld nicht lange über Wasser halten können. Fokussieren Sie Ihre beruflichen Ziele, aber vermeiden Sie einen Tunnelblick. Halten Sie die Balance zwischen den verschiedenen Lebensbereichen.

Amateur ✶

Er schimpft regelmäßig, dass er nicht das bekommt, was ihm zusteht. Er kommt immer da an, wo ihn andere gerne hätten, denn er treibt willenlos durchs Leben wie ein Blatt im Wind.

Profi ✶✶✶✶✶

Er ist sich im Klaren darüber, was Erfolg für ihn bedeutet. Er kennt seine Ziele und hat einen Plan, wie er sie erreichen kann. Er hat ein klares Bild von seiner Zukunft und schafft den Ausgleich zwischen Beruf, Privatleben, gesellschaftlichem Leben und Persönlichem.

3 Ihr Können: Stärken stärken

Was Sie erwartet:

> Stark dank Stärken: Schwächen interessieren nicht
> Abgleich: Anforderungen und persönliches Profil
> Energie: Was Energie gibt und was Energie raubt
> Kommunikationsfähigkeit: Raus mit der Sprache
> Selbstbewusstsein: Kein Grund, nicht an sich zu glauben
> Kritikfähigkeit: Kritik als Chance

Wenn Sie clever sind, dann schwimmen Sie gegen den Massenstrom und stärken Ihre Stärken, anstatt sich mit Ihren Schwächen aufzuhalten.

Viele Menschen vernachlässigen ihre Stärken und versuchen krampfhaft, ihre Schwächen zu bekämpfen. Das ist auf die Dauer nicht nur mühselig und frustrierend, sondern hinsichtlich des Sichtbarmachens von Fachkompetenz und beruflichem Erfolg kontraproduktiv. Das ist ungefähr so, als wenn Sie hervorragend singen können und dann unbedingt Tänzer werden wollen.

Sie sollten die für Ihren Beruf notwendigen Stärken mitbringen. Und jetzt ist genau der richtige Zeitpunkt, um dieses Thema einmal (oder wieder einmal) zu hinterfragen.

3.1
Stimmt Ihr Kurs?

Nutzen Sie Tabelle 3.1, um zu prüfen, welche Eigenschaften, Kenntnisse und Fähigkeiten Sie in Ihrem Beruf benötigen, und ob diese mit Ihren Eigenschaften, Kenntnissen und Fähigkeiten übereinstimmen.

Wenn ja, dann ist alles bestens.

Wenn nein, dann laufen Sie in die falsche Richtung und sollten schnellstens aktiv werden und die Richtung ändern. Hier geht es nicht darum, was Sie im Job wollen, sondern darum, ob Sie überhaupt das nötige Rüstzeug zur erfolgreichen Ausübung Ihres Jobs mitbringen.

Gehen Sie zunächst die Tabelle der Reihe nach durch, um sich die Anforderungen in Ihrem Job zu vergegenwärtigen und sich darüber klar zu werden, wie stark oder schwach der jeweilige Punkt bei Ihnen ausgeprägt ist.

Nutzen Sie Tabelle 3.1 anschließend, indem Sie sich selbst einschätzen (max. 8 Eigenschaften/Kenntnisse/Fähigkeiten in einer Farbe) und dann die für Ihren Job notwendigen Hauptstärken (max. 8 Kriterien in einer zweiten Farbe) ankreuzen. Je mehr Kriterien übereinstimmen, desto besser sind die Voraussetzungen für Ihren beruflichen Erfolg.

Tabelle 3.1 Voraussetzungen für Ihren beruflichen Erfolg

Eigenschaften/ Kenntnisse/Fähigkeiten	Anforderung/Ausprägung		
	schwach	mittel	stark
Allgemeinwissen			
Analytisches Denkvermögen			
Anpassungsfähigkeit			
Anspruchsdenken			
Aufgeschlossenheit			
Auftreten			
Ausdrucksfähigkeit			
Ausgeglichenheit			
Begeisterungsfähigkeit			
Belastbarkeit			
Detailtreue			
Diplomatisches Geschick			
Durchhaltevermögen			
Durchsetzungsvermögen			
Dynamik			
Ehrgeiz			

Eigeninitiative			
Energie			
Entscheidungsfähigkeit			
Flexibilität			
Führungsfähigkeit			
Geduld			
Humor			
Improvisationstalent			
Kommunikationsfähigkeit			
Kontaktfähigkeit			
Kritikfähigkeit			
Leistungsbereitschaft			
Mobilität			
Mut			
Optimismus			
Organisatorische Fähigkeiten			
Risikobereitschaft			
Selbstbewusstsein			
Selbstdisziplin			
Spontaneität			
Sprachkenntnisse			
Teamfähigkeit			
Toleranz			
Überzeugungsvermögen			
Verantwortungsbewusstsein			
Verschwiegenheit			
Zielstrebigkeit			
Zuverlässigkeit			

3.2
Die vier Garanten

Wenn Sie sich im Berufsleben umsehen, dann werden Sie feststellen, dass viele Profis in Sachen „Sichtbarmachen der Fachkompetenz" und „Erfolg" übereinstimmende Eigenschaften aufweisen. Ausnahmen bestätigen die Regel. Ich will hier vier Punkte herausgreifen, die ich mit für die wichtigsten halte, unabhängig davon, wie Ihr Job im Einzelnen aussieht.

3.2.1
Energie

Ohne Energie geht gar nichts. Sie brauchen Energie ohne Ende, denn Sie müssen sich über Widerstände hinwegsetzen, so wie sich ein Geländewagen über Unebenheiten und Steine hinwegsetzt.

Üble Energiefresser sind Selbstzweifel und Ängste. Selbstzweifel und Ängste kommen leicht dann auf, wenn von Ihnen andere Stärken erwartet werden als die, die Sie mitbringen. Das reibt Sie auf und raubt Ihnen Ihre Energie. Deshalb ist es so immens wichtig, dass Sie in dem für Sie richtigen Beruf, in der für Sie richtigen Position und in dem für Sie richtigen Aufgabenbereich tätig sind und über die geforderten Kompetenzen verfügen. Dann nämlich sind Sie sich Ihrer Sache sicher, gehen Ihre Aufgaben mit Zuversicht an und Ihre natürliche Energie steht Ihnen voll zur Verfügung. Fachkompetenz bedingt Energie!

3.2.2
Kommunikationsfähigkeit

Die Kommunikationsfähigkeit ist für den beruflichen Erfolg und das berufliche Vorankommen unabdingbar. Ich frage mich: Warum sollte jemand nicht kommunikationsfähig sein, wenn er fachlich ein Experte ist? Die Ausrede „Ich bin ein eher ruhiger Typ" für übermäßig introvertiertes Verhalten ist nicht haltbar. Kommen Sie aus Ihrem Schneckenhäuschen heraus und kommunizieren Sie. Sie wissen doch, wovon Sie reden. Fachkompetenz bedingt Kommunikationsfähigkeit!

3.3.3
Selbstbewusstsein

Mit einem gesunden Selbstbewusstsein sind Sie gerüstet für die Schwierigkeiten, die es in jedem Beruf einmal gibt. Wenn Sie selbst nicht an sich glauben, warum sollten es dann andere tun? Wenn Sie fachlich kompetent sind, dann haben Sie keinen Grund für mangelndes Selbstbewusstsein. Sie wissen, dass sich Ihnen mit Ihrem exzellenten Fachwissen immer eine Tür öffnet, und genau das strahlen Sie aus. Fachkompetenz bedingt Selbstbewusstsein!

3.3.4
Kritikfähigkeit

Wenn Sie wissen, dass Sie gut sind, dann wird Kritik Sie nicht umhauen, sondern weiterbringen. In fast jeder Kritik liegt eine Chance zur Weiterentwicklung. Nur Amateure verhalten sich demgegenüber ignorant oder ablehnend, weil sie fürchten, dass jemand ihre Unfähigkeit aufdeckt. Diejenigen, die fachlich kompetent sind, freuen sich über jede ehrliche, konstruktiv gemeinte Kritik und bedanken sich dafür. Sie bedenken diese in Ruhe und entscheiden dann für sich, ob Sie sie annehmen oder nicht. Fachkompetenz bedingt Kritikfähigkeit!

Amateur ✶

Er hält an seinem jetzigen Job fest, auch wenn er für ihn ungeeignet ist. Unsicherheiten und Zweifel rauben ihm Energie und schwächen sein Selbstbewusstsein, demzufolge hapert es auch mit seiner Kommunikations- und Kritikfähigkeit.

Profi ✶✶✶✶

Er ist ausgestattet mit viel Energie, einem starken Selbstbewusstsein, einer ausgeprägten Kommunikationsfähigkeit und ausreichend Kritikfähigkeit und nutzt all das optimal. Er ist sich seiner Stärken bewusst und baut sie weiter aus.

4 Ihre einzigartigen Merkmale: Nutzen aufzeigen

Was Sie erwartet:

> Merkmal: Das besondere Etwas hervorheben
> Vorteil: Die Vorzüge konkret benennen
> Nutzen: Den Gewinn für den anderen darstellen
> Gesprächsführung: Den Bezug zum Kunden herstellen

Finden Sie heraus, was die Bedürfnisse und Interessen Ihres Gesprächspartners sind und was Ihrem Gegenüber wichtig an Ihnen und Ihren Leistungen ist. Und dann geben Sie Vollgas, indem Sie ihm seinen Nutzen in Bezug auf Ihre einzigartigen Merkmale aufzeigen.

Wenn Sie wissen, was Ihre Gesprächspartner besonders interessiert, dann gehen Sie Punkt für Punkt darauf ein. Merken Sie sich M – V – N, das heißt:

- Merkmal,
- Vorteil,
- Nutzen.

Die meisten listen nur ihre Merkmale auf und hoffen, dass sich ihr Gegenüber die Vorteile und den Nutzen selbst ausdenkt. Ein fataler Fehler. Deshalb gilt ab sofort die Regel: M – V – N.

Durch die Nennung von Merkmalen (z. B. Studium, Vertriebserfahrung, Branchenkenntnis, Internationalität) sieht ein Gesprächspartner i. d. R. noch nicht den Nutzen für sich. Erst wenn man die Merkmale nennt, dann den sich daraus ergebenden Vorteil und dann den daraus resultierenden Nutzen, wird der Gesamtzusammenhang klar.

Legen Sie Ihrem Gesprächspartner dar, wie er das, was er jetzt macht, mit Ihren Leistungen noch besser machen kann. Beziehen Sie sich hierbei auf die Bedürfnisse, die er Ihnen zuvor mitgeteilt hat.

Denken Sie daran, dass Sie für Ihre Stärken und den daraus für den Kunden (Kunde kann im übertragenen Sinn auch das Unternehmen sein, für das Sie arbeiten) entstehenden Nutzen bezahlt werden.

Nehmen wir mich als Beispiel. Warum ist Dirk Preußners der Richtige für die erfolgreiche Durchführung eines Seminars für ein Industrieunternehmen?

Die Antwort lässt sich in Form einer Tabelle darstellen.

Merkmal	Vorteil	Nutzen
Internationalität	Mehr als 10 Jahre Erfahrung in internationalen Märkten. Ist vertraut mit den Besonderheiten der Märkte.	Risikominimierung und Vermeiden von Fehlinvestitionen bei der Markteinführung neuer Produkte.
Zielgruppenspezialisierung	Spricht die „Sprache" der technischen Fach- und Führungskräfte. Hohe Akzeptanz und Kommunikation auf Augenhöhe.	Große Effizienz in der Beratung.

Aus jeder Zeile einer solchen Tabelle lassen sich entsprechende Sätze herleiten. Richten Sie immer den Fokus auf den Kundennutzen! Nutzen Sie eine solche Tabelle für das Ausformulieren vollständiger, klarer Nutzensätze.

Zum Merkmal „Internationalität" könnte mein an einen potenziellen Kunden gerichteter Satz dann lauten: „Sehr gern bringe ich meine internationalen Erfahrungen in Ihr Unternehmen ein und minimiere Ihre Risiken und mögliche Fehlinvestitionen bei der Markteinführung neuer Produkte."

Finden Sie für Ihre jeweiligen Merkmale vergleichbare Formulierungen, die Vorteile und Kundennutzen herausheben. Dann sind Sie bestens gerüstet!

Amateur ✳

Ohne zu wissen, was seinen Gesprächspartner interessiert, predigt er seine Merkmale herunter und erwähnt mit keinem Wort den daraus resultierenden Nutzen.

Profi ✳✳✳✳✳

Er bringt in Erfahrung, was seinem Gesprächspartner wichtig ist und serviert seine eigenen Merkmale sowie die Vorteile und den Nutzen für sein Gegenüber in mundgerechten Häppchen.

5 Ihr Marktwert: Regie übernehmen

Was Sie erwartet:

➤ Bildungsinvestition: Nicht von schlechten Eltern
➤ Ein Muss: Fortbildung ist Zukunftssicherung
➤ Lebenslanges Lernen: Heute schon dazugelernt?
➤ Coaching & Co: Mit Unterstützung leichter zum Ziel

Überlegen Sie sich einmal, was Ihre Eltern bis zu Ihrem Ausbildungs- oder Studienabschluss in finanzieller Hinsicht in Sie investiert haben. Ihre Eltern haben Geld ausgegeben für Essen und Trinken, Kleidung, Schuhe, Kinder- und Jugendzimmereinrichtung, Spielzeug, Musikunterricht, Ballettunterricht, Sportverein, Schulausflüge, Kinder- und Jugendfreizeiten, Urlaub, Taschengeld, Nachhilfeunterricht, Führerschein, Berufsausbildung, Studium und für vieles andere mehr.

Bis zu Ihrem Eintritt in das Berufsleben haben Ihre Eltern ungefähr 150.000 € in Sie „investiert", in Ihr körperliches, seelisches und geistiges Wohlsein und in Ihre Bildung und Entwicklung. Wäre es da nicht jammerschade, wenn Sie ab diesem Zeitpunkt weitere Investitionen einstellen würden? Oder wenn Sie Ihre Weiterentwicklung davon abhängig machen würden, dass Ihr Arbeitgeber die Initiative ergreift und die Kosten dafür trägt? Wie viel Geld haben Sie in den letzten Jahren investiert, um Ihre Kenntnisse und Fähigkeiten auszubauen und damit Ihren beruflichen Marktwert zu erhalten und zu steigern?

5.1
Investieren Sie weiter

Die fachliche Kompetenz auf der Höhe zu halten, ist eine wachsende Herausforderung, für die nicht mehr ausschließlich der Arbeitgeber verantwortlich ist – auch wenn es von der Mehrzahl der angestellten Fach- und Führungskräfte noch so gesehen wird, wie ich aus zahlreichen Gesprächen mit Seminarteilnehmern weiß.

Wer heute keine Eigeninitiative bezüglich seiner Fortbildung zeigt und nicht entsprechende Maßnahmen ergreift, wird morgen – und das ist schon sehr bald, auch wenn Sie erst Anfang 30 sind – für den Markt uninteressant sein. Heute trägt jeder selbst die Verantwortung für die Weiterentwicklung seiner Kenntnisse und Fähigkeiten.

Beschäftigen Sie sich deshalb kontinuierlich mit neuen Themen und bauen Sie Ihr Können aus, auch außerhalb Ihrer fachlichen Kernkompetenz. Werden Sie zusätzlich ein Experte für ein Spezialwissensgebiet oder ein Randgebiet. Betrachten Sie dies als ein kleines Zusatzstudium. Investieren Sie Zeit und Geld. Schließlich haben Sie während Ihrer Schulausbildung und Ihres Studiums auch nichts anderes getan: Sie haben Zeit und Geld investiert. Und das hat Sie dorthin gebracht, wo Sie heute stehen. Es gibt also gute Gründe, immer weiter in sich selbst zu investieren. Denn nur so können Sie sicherstellen, dass Sie über Jahrzehnte für den Markt attraktiv bleiben.

Der Besuch von Seminaren und Vorträgen, das regelmäßige Treffen mit einem Coach und das Lesen fachlicher und außerfachlicher Bücher, Magazine und Zeitungen ist ein Muss. Das Geld, das Sie hierfür aufwenden, ist eine lohnende Investition in Ihre Zukunft.

5.2
Cappuccino ja, Weiterbildung nein

Nicht nachvollziehbar finde ich es, wenn jemand ohne Zögern 3,50 € für einen Cappuccino hinlegt, jedoch vor dem Kauf eines Fachbuchs mit der Begründung „zu teuer" zurückschreckt. Da werden ganze Netto-Jahresgehälter in Autos gesteckt, aber Kosten von einigen hundert Euro für ein Seminar umgangen. Viele leisten sich drei Urlaube im Jahr, um sich von den Strapazen des Berufs zu erholen, zucken jedoch zusammen, wenn sie in ein Coaching – in dem es um die individuelle Weiterentwicklung der eigenen Person geht – investieren sollen.

Einsparungen im Bereich Ihrer Weiterbildung können Sie jedoch am Ende teuer zu stehen kommen. Je länger Sie dem Unternehmen angehören und je höher Sie auf der Gehaltsleiter nach oben gestiegen sind, desto glaubwürdiger müssen Sie Ihren Vorgesetzten und die Unternehmensleitung davon überzeugen, dass Sie das Gehalt, das Sie erhalten, auch wert sind. Ansonsten stellt man nämlich lieber einen Uni-Absolventen oder einen Young Professional ein und zahlt nur die Hälfte. Die Zeiten, in denen die jahrelange Betriebszugehörigkeit ein Rettungsanker war, sind vorbei.

5.3
Werden Sie aktiv

Werden Sie Ihr eigener Produzent und Regisseur in Sachen Weiterentwicklung. Geben Sie sich ein Jahresbudget von einigen hundert Euro für Bücher und ein weiteres stattliches Budget für Seminare und Coachings. Das Medium Internet steht Ihnen als Wissensquelle ständig zur Verfügung. Nutzen Sie die Möglichkeiten!

Treffen Sie sich unbedingt regelmäßig mit einem Coach, auch wenn Ihre Firma die Kosten nicht übernimmt. Mit ihm können Sie Ihre beruflichen Vorhaben besprechen. Achten Sie darauf, dass Ihr Coach Ihre Branche kennt, eigene berufliche Erfolge nachzuweisen hat und in höheren Positionen tätig war als Sie es derzeit sind. Umso leichter fällt es ihm, Ihren Standpunkt nachzuvollziehen und Sie kompetent zu begleiten. Meiden Sie Coaches, die keine Praxiserfahrung in der Berufswelt gesammelt haben und nur theoretisches Wissen mitbringen.

Amateur ✳

Er sieht seinen Arbeitgeber als Verantwortlichen für seine Weiterentwicklung und hofft für seine Zukunft. Sein Motto: „Wird schon klappen".

Profi ✳✳✳✳✳

Er hat erkannt, dass Eigeninitiative notwendig ist, um seinen Marktwert zu halten und zu steigern. Er gibt sich jährlich ein Budget für seine Weiterentwicklung.

6 Ihr Networking: Beziehungen knüpfen

Was Sie erwartet:

> Starkes Netzwerk: Sich austauschen und gegenseitig fördern
> Kommen und Gehen: Ständig neue Kontakte hinzugewinnen
> Gelegenheiten: Networking jederzeit und überall
> Initiative: Ein eigenes Netzwerk gründen

Networking ist in aller Munde und gilt als wichtiger Erfolgsverstärker. Zu Recht!

Sie können fachlich exzellent sein und dieses noch so bemüht sichtbar machen, es nützt wenig, wenn Sie nicht das richtige Netzwerk haben, die entsprechenden Leute kennen, die wiederum anderen mitteilen, wie kompetent Sie sind. Auf diese Weise bekommt Ihre Karriere den nötigen Schub.

6.1
Der Nutzen

Networking bietet Nutzen durch gegenseitiges berufliches Helfen. Es beinhaltet im Idealfall ein Geben und Nehmen. Es ist in der Regel nur auf das Berufliche bezogen und geht nicht so weit wie Freundschaft.

Die Kontakte und Beziehungen in einem Netzwerk geben die Möglichkeit, Insider-Informationen zu geben und zu bekommen, Details zu Projekten à la „Wie sehen Sie das?" zu besprechen, weitere berufliche Schritte zu erörtern, Konfliktsituationen zu reflektieren. Kurzum: Hauptinhalt sind Austausch und gegenseitige Förderung. Das ist für Sie enorm wichtig. Je länger Sie im Business sind, je höher Ihre hierarchische Position oder je fachspezifischer die Thematik, desto weniger sind Personen aus Ihrem direkten beruflichen und aus Ihrem privaten Umfeld in der Lage, geeignete Sparringspartner zu sein.

Sie brauchen Menschen, die keine ausgeprägte emotionale Bindung zu Ihnen haben wie Ihr Partner oder Ihre Partnerin. Sie brauchen außerdem Menschen, die noch besser sind als Sie und solche, die andere Schwerpunkte und Qualifikationen haben als Sie. Nur so bekommen Sie frischen Wind in Ihre Segel.

Bauen Sie sich eine regelrechte „Datenbank" auf. Machen Sie sich Notizen zu den Personen, die Ihrem Netzwerk angehören. Es ist wichtig zu wissen, wann und wo Sie die einzelnen Personen kennen gelernt haben. Noch wichtiger ist die Zuordnung zu Fachgebieten und Interessen. Wenn Sie im Bedarfsfall Ihre Kontakte nicht selektieren können, dann haben Sie kein Netzwerk, sondern eine Namensammlung.

6.2
Es müssen stets neue Kontakte hinzukommen

Meiner Erfahrung nach sind 20 % der aktuellen Kontakte in einem Jahr „verfallen", das heißt nicht mehr relevant. Rein theoretisch heißt das, dass ein Netzwerk sich in fünf Jahren gänzlich „verflüchtigt", wenn keine frischen Kontakte hinzukommen.

Ein lebendiges Netzwerk lebt davon, dass Sie laufend neue Menschen kennen lernen. In der heutigen schnelllebigen Welt wechseln Personen kurzfristig ihre Position, die Branche, nehmen Herausforderungen im Ausland an und verschwinden somit häufig von heute auf morgen von der Bildfläche und somit aus Ihrem Netzwerk. Auch ändern sich Ihre eigenen Interessen und Bedürfnisse, so dass vielfach alte Kontakte einfach nicht mehr passen.

Neue Kontakte müssen stets Ihrem Netzwerk hinzugefügt werden. Doch die Erwartungen an Personen, die man neu kennen lernt, sollten realistisch sein. Sehen wir uns das folgende Beispiel an: Sie lernen 100 neue Personen kennen. Wie viele werden Ihnen langfristig Nutzen bringen?

Von 100 Personen, die Sie kennen lernen...

☺☺☺☺☺☺☺☺☺☺
☺☺☺☺☺☺☺☺☺☺
☺☺☺☺☺☺☺☺☺☺
☺☺☺☺☺☺☺☺☺☺
☺☺☺☺☺☺☺☺☺☺
☺☺☺☺☺☺☺☺☺☺
☺☺☺☺☺☺☺☺☺☺
☺☺☺☺☺☺☺☺☺☺
☺☺☺☺☺☺☺☺☺☺
☺☺☺☺☺☺☺☺☺☺

...bleiben nach dem ersten Gespräch 50 interessant für Sie...

☺☺☺☺☺☺☺☺☺☺
☺☺☺☺☺☺☺☺☺☺
☺☺☺☺☺☺☺☺☺☺
☺☺☺☺☺☺☺☺☺☺
☺☺☺☺☺☺☺☺☺☺

...mit 20 vertiefen Sie den Kontakt...

☺☺☺☺☺☺☺☺☺☺
☺☺☺☺☺☺☺☺☺☺

...mit 10 bauen Sie mittelfristig die Beziehung aus.

☺☺☺☺☺☺☺☺☺☺

Nur 1 Person wird Ihnen langfristig Nutzen bringen!

☺

Networking ist keine Frage der höchstmöglichen Anzahl von Personen, die Sie in einer Datenbank sammeln. Wenige, dafür aber punktgenaue Kontakte, die ihrerseits zahlreiche Kontakte haben und so als Multiplikatoren fungieren, sind deshalb vorzuziehen.

Außerdem muss man sich fragen, wie viele Kontakte man aktiv pflegen kann – trotz Outlook, Networking-Plattformen wie XING und anderen Angeboten im Internet. Pflegen Sie Ihre Kontakte durch regelmäßige Telefonate und Mails, das Zusenden interessanter Artikel und Buch-Tipps und gemeinsame Aktivitäten.

6.3
Wie Sie an neue Kontakte kommen

Tipps für erfolgreiches Networking können nur schwer allgemeingültig gegeben werden. Wenn Sie als Sachbearbeiter arbeiten oder als junger Pharmareferent Ihre Runden im Markt drehen, dann ist die Unternehmerrunde, bei der sich die Vorstände verschiedener DAX-Unternehmen treffen, sicherlich nicht Ihre erste Wahl.

Bewusst verzichte ich hier darauf, Ihnen elitäre Clubs, bei denen eine Mitgliedschaft für die meisten Leser so weit weg ist wie der Mond, nahe zu legen. Sie sollten sich beim Networken realistische Ziele setzen und sich die zu Ihnen passenden Kreise aussuchen.

Networken können Sie fast immer und überall: Ob Sie nun Tennis oder Golf spielen, Mineralien oder Oldtimer sammeln, in den Bergen herumkraxeln oder auf Wildschweinjagd gehen. Auch im Flugzeug, im Zug, auf Kundenveranstaltungen Ihrer Lieferanten und bei kulturellen Events können Sie neue und interessante Menschen treffen und Ihr Netzwerk erweitern. Sehen und gesehen werden ist ein Ausspruch, den man von jeher kennt und der auch in Bezug auf das neuzeitliche Networking nichts an Aktualität verloren hat.

Besuchen Sie Veranstaltungen, wie Messen, öffentliche Seminare, Vortragsveranstaltungen und Kongresse, die zu Ihren beruflichen Aufgaben und Interessen passen. Am Rande solcher Veranstaltungen lassen sich hervorragend Kontakte zu Menschen mit ähnlichen Interessen knüpfen. So verbinden Sie Ihre Weiterbildung mit dem Ausbau Ihres Netzwerkes.

6.4
Werden Sie ein Networking-Profi

Menschen, die Ihr Netzwerk bereichern, sind aufgeschlossen, interessiert, kontaktfreudig, ideenreich und hilfsbereit. Hiermit sind dann auch schon die Qualitäten genannt, die Sie selbst zum erfolgreichen Networking-Profi machen.

Wenn Sie keinen für Sie passenden Club, Verband o.ä. finden, dem Sie sich anschließen möchten, dann gründen Sie doch selbst einen. Laden Sie einige Leute unter einem bestimmten Motto zu einem gemeinsamen Umtrunk in ein Lokal oder ein Hotel (auf das Image achten!) ein. Bitten Sie die Teilnehmer, beim nächsten Treffen jeweils eine weitere Person mitzubringen.

Es entsteht blitzschnell eine für Sie lohnenswerte Struktur, die Sie nach Belieben nutzen und ausbauen können. Ich sage bewusst nutzen und nicht ausnutzen. Bedenken Sie: Sie müssen erst säen, wenn Sie zu einem späteren Zeitpunkt ernten wollen.

Amateur ✳

Er erwartet von jedem neuen Kontakt, dass dieser ihm binnen kurzer Zeit Vorteile verschafft. Er sieht im Netzwerk nur seinen eigenen Nutzen. Er nimmt und versäumt zu geben.

Profi ✳✳✳✳✳

Er baut systematisch sein Netzwerk auf und achtet mehr auf Qualität als auf Quantität. Er erwartet von neuen Kontakten erst einmal gar nichts. Er gibt gern und hat Freude daran, andere zu fördern und noch erfolgreicher zu machen. Er ist geduldig und kann eine große Anzahl von Kontakten pflegen, indem er sich regelmäßig in Erinnerung bringt.

7 Ihre Haltung: Andere anerkennen und wertschätzen

Was Sie erwartet:

> Menschliches Miteinander: Die innere Einstellung zählt
> Wertschätzung: Den Wert sehen und würdigen
> Grundbedürfnis: Jeder Mensch sucht Anerkennung
> Kommunikation: Ehrlich währt am längsten

Manche sprechen von Wertschätzung, andere von Respekt, Achtung, Hochachtung oder Anerkennung. Ihrem Gegenüber Wertschätzung entgegenzubringen, ist so unentbehrlich wie die Scheibe Käse auf einem Cheeseburger.

Die wertschätzende innere Haltung gegenüber anderen Personen drückt sich durch Höflichkeit, Aufmerksamkeit und Freundlichkeit aus. Wir zeigen anderen nicht nur Respekt, weil wir es aufgrund der Hierarchie unbedingt müssen, sondern weil wir es aufgrund unserer inneren Haltung möchten. Meistens tun wir dies auch mit der Erwartung, dass diese Personen uns ebenfalls respektvoll behandeln.

7.1
Mangelnde Wertschätzung

Vor wenigen Wochen besuchte ich einen Geschäftspartner. In seinem Büro wartete ich einige Minuten, bis er aus der Mittagspause zurückkam, die er in einem nahegelegenen Restaurant verbracht hatte. Die Tür ging auf, er kam herein und fluchte erst einmal über den Kaugummi, der seit einigen Minuten unter seinem Schuh klebte und ihn beim Gehen behinderte.

Auf seinem Stuhl sitzend, startete er einen Small Talk mit mir und bohrte gleichzeitig mit einem 30-cm-Plastiklineal den Kaugummi aus der Schuhsohle. Nach vier Minuten war auch der letzte Krümel entfernt. Er zog den Schuh wieder an und wir gingen zum Geschäftlichen über.

Worauf will ich hinaus? Wertschätzung zeigen heißt, dass sich Ihr Gegenüber gesehen und anerkannt fühlt. Dies ist ein evolutionäres Bedürfnis, dem Sie unbedingt Beachtung schenken müssen. Im beschriebenen Beispiel war der Kaugummi unter einem Schuh wichtiger als ich. So macht man keine Geschäfte und outet sich natürlich als unhöflich und unprofessionell.

7.2
Eine Statusfrage

Vor einigen Monaten erzählte mir ein Kunde, dass er von seinem Unternehmen für Reisen nur ein Budget von maximal 80 € pro Hotelübernachtung zur Verfügung habe und deshalb in Großstädten in 2-3-Sterne-Hotels absteigen müsse. Das finde er schrecklich.

Unlängst trafen wir uns abends auf ein Bier, weil er privat in der Stadt war. Ich fragte ihn, wo er übernachte und er berichtete, dass er sich in einer netten Pension für 35 € pro Übernachtung einquartiert habe und das ganz in Ordnung sei. Daraufhin fragte ich ihn nach dem Unterschied zwischen beruflich und privat bedingter Unterkunft. Er konnte mir nicht sagen, warum ihn der geringe Standard bei beruflichen Übernachtungen stört und bei privaten nicht.

Ich sagte es ihm: Das relativ niedrige Budget für Hotelübernachtungen setzt er – so vermute ich – mit mangelnder Wertschätzung seitens seines Arbeitgebers gleich. Das war der Knackpunkt. Solche Gleichsetzungen lassen sich beliebig fortführen: Entscheidungsfreiheit bei Einladungen, Größe des Firmenwagens oder Größe des Büros. Alles wird in Relation zu Kollegen oder Vorgesetzten gesetzt oder mit dem Level verglichen, der als Standard gilt.

7.3
Auf die Echtheit kommt es an

Eine gleichgültige oder gar geringschätzende Haltung wird auch dann spürbar, wenn wir uns „korrekt" verhalten und die Höflichkeitsregeln einhalten. Unsere Körpersprache oder der Unterton in der Stimme verraten uns allzu leicht.

Es lohnt sich also, wirklich an der inneren Haltung zu „arbeiten". Konzentrieren wir uns auf das, was uns am Gegenüber gefällt, nicht auf das, was wir ablehnen, so dass wir „echt" wertschätzend sein können. Wünschen wir uns das nicht auch umgekehrt?

Wenn Sie sich über etwas freuen, was jemand gesagt oder getan oder geleistet hat, dann wird es ein Leichtes für Sie sein, Ihrem Gegenüber dies auch zu sagen. Sparen Sie nicht mit anerkennenden Worten. Lassen Sie es nicht mit einem platten Lob – das leicht von oben herabkommend wirkt – bewenden, sondern drücken Sie aus, was genau Ihnen gefällt und was es Ihnen bedeutet.

Amateur ✶

Achtung und Respekt sind für ihn etwas Antiquiertes. Er freut sich darüber, dass die gesellschaftlichen Regeln heutzutage so schön locker sind und ist ein Stoffel in Sachen Höflichkeit. Schlechte Beispiele nimmt er als Rechtfertigung seiner Nachlässigkeit.

Profi ✶ ✶ ✶ ✶

Er behandelt alle Menschen respektvoll und legt Wert darauf, ebenso behandelt zu werden. Er ist sich der vielen Kleinigkeiten bewusst, an denen Achtung und Anerkennung gemessen werden. Er macht sich Gedanken, wie er seine Wertschätzung gegenüber den Menschen, die ihm wichtig sind, ausdrücken kann.

8 Ihre Misserfolge: Groß und stark werden

Was Sie erwartet:
➤ Wechselhaft: Auch Misserfolge gehören zum Erfolg
➤ Nur Mut: Keine Angst vor dem Scheitern
➤ Nicht unterkriegen lassen: Einmal mehr aufstehen als hinfallen
➤ Versuch und Irrtum: Fehler weisen den Weg zum Erfolg

Im Berufsleben geht es wechselhaft zu wie in der Natur. Es gibt Schönwetterlagen und es gibt Schlechtwetterlagen. Es gibt Jahreszeiten – Frühling, Sommer, Herbst und Winter. Die meisten konzentrieren sich allerdings zu sehr auf die Winterzeiten und damit auf die Misserfolge und sind allzu leicht entmutigt, wenn es einmal nicht so gut läuft.

Beruflicher Erfolg ist nicht statisch. Misserfolge sind normal. Sie gehören zum Leben wie Regentage und Frostperioden, wenn wir von den klimatischen Verhältnissen in Deutschland ausgehen.

8.1
Es geht nicht ohne Misserfolge

Um sich weiterzuentwickeln, brauchen Sie Misserfolge. Nur dann setzen Sie sich aktiv mit der entsprechenden Thematik auseinander. Misserfolge stacheln Ihre Lebensgeister und Ihre Instinkte an. Sie sind Quelle für Energie, Kreativität und Einfallsreichtum.

Misserfolge sind wertvoll. Freuen Sie sich darauf. Mit jedem Misserfolg wachsen Ihre Kenntnisse, Fähigkeiten und Ihre Persönlichkeit. Im Vertrieb gibt es ein altes Sprichwort: „Wen Gott strafen will, dem schickt er 20 Jahre Erfolg." Denn nach 20 Jahren Erfolg haut Sie – bildhaft gesprochen – der kleinste Luftzug um und Sie haben verlernt, wie man wieder aufsteht.

Seien Sie wie ein Flummi, den Sie vielleicht noch aus Ihrer Kindheit kennen: Wenn Sie auf den Boden geworfen werden, dann springen Sie wieder nach oben.

8.2
Mut zum Risiko

Tun Sie was Sie können, um Misserfolge zu vermeiden, aber scheuen Sie nicht das Restrisiko! Lassen Sie Veränderungen zu. Allzu großes Sicherheitsdenken führt zur Stagnation. Ein Status quo lässt sich nur schwer halten. Irgendwann kommt nämlich der Zeitpunkt, an dem Ihnen all Ihre Fachkompetenz, die dann vielleicht auch schon etwas in die Jahre gekommen ist, nicht mehr weiter hilft.

Wer aktiv ist und viel unternimmt, wird Erfolge und Misserfolge haben. Wer aus Angst vor Misserfolgen untätig ist, wird auch keine Erfolge haben. Wie bedauerlich, dass viele ihre Ideen aus Angst vor Misserfolgen wieder fallen lassen.

Haben Sie Mut zum Risiko! Trauen Sie sich, Neues auszuprobieren. Es kann nicht mehr als schief gehen.

Praxistipp: Versuchen Sie möglichst viele Misserfolge zu erzielen! Denn wenn Sie von zehn Ideen, die Sie realisieren, acht Misserfolge und zwei Erfolge haben, dann haben Sie eine Erfolgswahrscheinlichkeit von 4:1. Erhöhen Sie die Zahl Ihrer Misserfolge, und die Zahl Ihrer Erfolge wird dementsprechend steigen!

8.3
Verantwortung übernehmen

Wenn Sie einen Misserfolg erleben, sollten Sie sich nicht hinter Ausreden verstecken wie: das Budget war zu klein; ich hatte zu wenig Zeit; der Wettbewerb hatte bessere Produkte; das Wetter war zu heiß oder zu kalt; meine Mitarbeiter waren unfähig...

Übernehmen Sie stets selbst die Verantwortung für das, was Sie getan haben. Und lernen Sie aus den Fehlern. Sie wissen jetzt, was nicht funktioniert. Beim nächsten Versuch können Sie es besser machen.

Amateur ✳

Er regt sich über jeden noch so kleinen Misserfolg maßlos auf. Er will, dass alles beim Alten bleibt und scheut neue Aktivitäten aus lauter Angst vor dem Scheitern. Seine Misserfolge lastet er anderen und den äußeren Umständen an.

Profi ✳✳✳✳✳

Er sieht in jedem Misserfolg eine Chance zum Lernen und Weiterentwickeln und behält seine positive Einstellung. Er konzentriert sich auf Dinge, die er durch Veränderung verbessern kann. Ihm ist bewusst, dass er und sein Unternehmen mit jedem Misserfolg stärker werden.

Teil III
Ihre äußere Wirkung

1 Ihr Körper: Vitalität zeigen

Was Sie erwartet:

➤ Im doppelten Sinn: Eine gute Figur machen
➤ Fit für den Job: Bewusste Ernährung, ausreichend Bewegung
➤ Körperpflege: Nachlässigkeit zeugt von Inkompetenz

Wie können andere Menschen davon ausgehen, dass Sie Ihren Job professionell und mit sehr guten Erfolgsergebnissen erledigen, wenn Sie eines der wichtigsten Dinge vernachlässigen: Ihren Körper?

Jemand, der schlank und durchtrainiert ist, wirkt dynamisch und leistungsorientiert. In den meisten Fällen ist er es auch. Jemand, der zu viele Kilos auf die Waage bringt, strahlt selten Dynamik und Kraft aus. Dicksein wird oft mit Disziplinlosigkeit gleichgesetzt, die direkt auf die fachlichen Leistungen übertragen wird. Ob dieser Rückschluss gerechtfertigt ist oder nicht, soll uns an dieser Stelle gleichgültig sein. Solange die Mehrheit der Menschen so denkt, sollte Ihnen dies Ansporn genug sein, Ihren Körper fit zu machen und zu halten.

1.1
Körpermaße

An Ihrer Körpergröße können Sie nichts ändern – soviel steht fest. Wenn Sie groß sind, strahlen Sie automatisch mehr Autorität und Kompetenz aus, als wenn Sie klein sind. Wenn Sie in wichtigen Verhandlungen sind, dann spielt das keine Rolle, denn dabei sitzen Sie sowieso. Bei Präsentationen ist die wahre Körpergröße schwer einzuschätzen, da Sie meistens allein auf der Bühne stehen.

Praxistipp: Wenn Sie eher klein sind, dann setzen Sie sich in den unterschiedlichen beruflichen Situationen möglichst hin. Wenn Sie groß gewachsen sind, dann bleiben Sie stehen – es sei denn, Ihr Gesprächspartner ist klein. In Gesprächen mit Asiaten, die i. d. R. deutlich kleiner sind als Deutsche, heißt es auch für Sie: „Platz nehmen".

Ihre statische und dynamische Körpersprache beeinflusst die Einschätzung Ihrer Fachkompetenz und Ihrer Persönlichkeit. Wenn Sie sich selbst betrachten und von Ihrem Körper nicht überzeugt sind, dann sollte Sie das ebenso aufmerken lassen wie der Dauerwarnton der elektronischen Einparkhilfe in Ihrem Auto, wenn Sie Ihrem Hintermann zu dicht auffahren. Es wird höchste Zeit, auf die Bremse zu treten!

1.2
Was zur Körperpflege gehört

Tun Sie etwas, um Ihren Körper zu pflegen und in Form zu bringen:

- Treiben Sie Sport: Sagen Sie der Bewegungsarmut den Kampf an – nicht nur wegen des Aussehens, sondern auch wegen der Kondition und der Gesundheit!

- Überprüfen Sie Ihre Ernährungsgewohnheiten: Essen Sie zu viel, zu süß, zu fett? Essen Sie das Richtige, um Ihren Körper mit allen Stoffen zu versorgen, die er braucht!

- Schlafen Sie ausreichend lange: Gönnen Sie Ihrem Körper Erholungsphasen. Außerdem: Keiner möchte in ein müdes und zerknittertes Gesicht sehen!

- Trinken Sie nur ab und zu Alkohol: Brechen Sie eventuell mit Gewohnheiten – zum Beispiel der, allabendlich Bier zu trinken!

- Gehen Sie regelmäßig zum Zahnarzt: Nur gepflegte Zähne sorgen für ein strahlendes Lächeln!

Apropos Körperpflege: Einzelheiten möchte ich hier gar nicht zu ausführlich erörtern. Haare, die bei den Herren aus Ohren oder Nase sprießen, sind mindestens genauso negativ für das Erscheinungsbild wie abgebrochene oder nur noch teilweise lackierte Fingernägel bei den Damen.

Achten Sie auf Ihren Körper und pflegen Sie ihn! Je gepflegter Ihr Körper, desto überzeugender sind Sie in Ihrer Gesamterscheinung! Wenn Sie ungepflegt, ausgebrannt, gestresst und trübsinnig aussehen, dann scheinen Sie sich und Ihr Leben nicht im Griff zu haben.

Wie sollten andere dann auf die Idee kommen, dass Sie fachlich kompetent und beruflich erfolgreich sind?

Und hier noch ein Praxistipp zum Thema Bräune: In den achtziger und neunziger Jahren war es in Mode, im Sommer wie im Winter die Haut schokoladenbraun zur Schau zu stellen. Man hatte Zeit, um in der Sonne zu liegen und es war chic, im Winter ins Solarium um die Ecke zu gehen. In der heutigen Zeit haben bestimmte Menschen immer mehr Zeit, in der Sonne oder im Solarium zu liegen und dunkelbraun zu sein. Der Statuswert hat sich somit verschoben. Sicherlich strahlt eine leichte Bräune Wohlbefinden aus. Vermeiden Sie es jedoch, Ihre Haut als Werbeträger für Solarien zu missbrauchen – es sei denn, Sie sind in der Solariumbranche tätig.

Amateur ✴

Er legt wenig Wert auf seinen Körper und entschuldigt seine schlaffe Erscheinung mit Zeitmangel. Er meint, allein mit seinen inneren Werten punkten zu können.

Profi ✴✴✴✴✴

Er weiß, dass sein Körper eine wichtige Rolle im Gesamterscheinungsbild spielt. Er hält seinen Körper mit Disziplin im „Erfolgs-Format". Er achtet auf alle Aspekte der Körperpflege und verschont seine Haut mit zu viel Sonne und Solarium.

2 Ihre Körpersprache: Nichts bleibt geheim

Was Sie erwartet:

➤ Sprache und Körpersprache: Der Körper lügt nicht
➤ Selbstbeobachtung: Sich nichts vormachen
➤ Im Stehen und im Sitzen: Die richtige Haltung macht es
➤ Mimik: Ein Lächeln wirkt Wunder

Körpersprache ist immer eine Idee schneller als das gesprochene Wort. Ihre Körpersprache entlarvt Sie meistens, wenn Sie etwas anderes fühlen, als Sie sagen! Gerade in brisanten Situationen wird es Ihrem Gegenüber auffallen, wenn Sprache und Körpersprache nicht kongruent sind. Der Körper reagiert spontan und unverfälscht. Er signalisiert unmittelbar, welche Gefühle Sie beschäftigen. Ganz gleich, ob Sie das wollen oder nicht. Dennoch lohnt es sich, an Ihrer Körpersprache zu arbeiten.

2.1
An der Körpersprache arbeiten

Wussten Sie, dass man sich automatisch besser fühlt, wenn man sich aufrichtet, den Kopf hebt und den Mund zu einem Lächeln formt? Sogar das, was zunächst nur aufgesetzt ist, wirkt zurück auf das Befinden. Sie können sich also mit Ihrer Haltung und mit Ihrer Mimik selbst im positiven Sinne konditionieren.

Was sagt Ihnen Ihre Körpersprache? Schreiten Sie zur Tat und machen Sie eine Bestandsaufnahme. Zeichnen Sie sich in privaten und beruflichen Situationen auf Video auf. Wie sieht es mit Haltung, Mimik, Gestik, Fußbewegungen aus? Unterstützt Ihre Körpersprache Ihr gesprochenes Wort? Wie interpretieren Sie selbst Ihr Tun und Handeln? Was denken Sie: Wie interpretieren andere Personen Ihren Auftritt? Sind Sie von sich überzeugt und treten dementsprechend auf?

Oder verraten Sie sich durch zittrige Hände, Schweißausbruch, Stirnrunzeln, Spielen mit einem Stift, Griff zur Nase oder Auf-der-

Stelle-Treten? Ein körpersprachliches Signal allein ist selten eindeutig zu interpretieren. Man muss die Gesamtsituation und die Kette der Signale berücksichtigen. All diese Erscheinungen signalisieren jedenfalls, dass Sie sich unwohl fühlen, nervös sind und – vor allem – sich unsicher fühlen. Ihr Gegenüber wird sich nicht die Mühe machen zu ergründen, warum Sie tatsächlich nervös und unsicher sind, und wird schnell mangelnde Kompetenz vermuten.

Es gibt keine hundertprozentige Regel, durch deren Beachtung Sie immer eine gute Figur machen und allzeit kompetent wirken. Aber ein paar nützliche Hinweise gibt es schon.

2.2
Stehen

Wenn Sie Ihre positive Wirkung untergraben wollen, dann nehmen Sie eine gebeugte Haltung ein, lassen den Kopf hängen, kreuzen die Beine im Stehen – so dass Sie wacklig quasi nur auf einem Bein stehen – und verschränken Ihre Arme vor dem Brustkorb. So geben Sie das Bild eines verschüchterten Trauerkloßes ab.

Die Hände betont lässig in die Hosentaschen zu stecken oder leicht herausfordernd auf den Hüften abstützen (Pfau-Position) ist auch nicht wirklich überzeugend. Wie macht man es denn richtig?

Die beste Ausgangsposition für ein kompetent wirkendes Auftreten im Stehen – zum Beispiel bei einer Präsentation – ist folgende: mit beiden Beinen fest auf dem Boden stehend, in aufrechter Haltung. Die Füße stehen ca. 30 cm auseinander in leichter V-Form. Das zeigt Kraft und Energie. Hände auf Bauchnabelhöhe, leicht ineinander gelegt. So zeigen Sie Selbstbewusstsein und Präsenz und sind in der Lage, jederzeit das gesprochene Wort durch eine entsprechende Gestik zu unterstützen. In dieser Haltung können Sie kraftvoll sprechen, da Brustkorb und Bauch nicht durch eine gebeugte Haltung gedrückt werden.

Wenn Sie mit jemandem im Gespräch beieinander stehen, schaffen Sie eine angenehme Atmosphäre, indem Sie sich leicht über Eck (ca. im 60-Grad-Winkel) zu Ihrem Gegenüber positionieren und so eine Frontalposition vermeiden. Sie wollen schließlich sympathisch erscheinen und keinen Kampf eröffnen. (Dies gilt auch für Präsentationen: Immer leicht schräg zum Publikum stehen!) Stehen Sie mit beiden Beinen fest auf dem Boden und halten Sie einen ausreichenden Abstand von 0,5–1 Meter zu Ihrem Gesprächspartner. Halten Sie Ihre Hände wie oben beschrieben auf Bauchnabelhöhe leicht ineinander gelegt.

2.3
Sitzen

Die unsägliche Ich-lümmel-mich-in-den-Stuhl-Haltung, bei der man wie ein Schluck Wasser in der Kurve aussieht, hat sich in den letzten Jahren wie ein Virus verbreitet. Aber Achtung: Durch bequemes Sitzen signalisieren Sie Ihrem Gegenüber weder Respekt noch Interesse oder Professionalität – abgesehen davon, dass es auf Dauer gar nicht so bequem ist.

Setzen Sie sich aufrecht, leicht nach vorn gebeugt auf den Stuhl und legen Sie Ihre Unterarme oder Ihre Handgelenke locker auf die Tischkante. So können Sie auch im Sitzen Ihr gesprochenes Wort durch Gestik unterstützen und kraftvoll wirken. Sitzen Sie aber auch nicht so steif, als hätten Sie einen Marterpfahl verschluckt. Wenn Sie keinen Tisch vor sich haben, dann legen Sie die Hände auf Ihre Oberschenkel; eine Hand weiter nach vorn als die andere.

2.4
Augenkontakt und Mimik

Wichtig für eine positive Signalgebung sind Augenkontakt und Mimik. Häufiges Wegschauen ist oft die Folge von Unsicherheit. Das weiß auch Ihr Gesprächspartner. Wenn Sie fachlich kompetent sind, warum sind Sie dann unsicher? Schauen Sie bei Gesprächen und Präsentationen Ihrem Gegenüber bzw. den Zuhörern in die Augen. Nicht nur, wenn Sie zuhören, sondern auch, wenn Sie sprechen. Letzteres scheint schwierig zu sein, denn sonst würden nicht so viele Menschen beim Sprechen wegsehen.

Durch das richtige Maß an Augenkontakt zeigen Sie nicht nur Aufmerksamkeit und Respekt, sondern haben auch den Vorteil, Ihre Gesprächspartner bzw. Zuhörer besser einschätzen zu können. Halten Sie Augenkontakt, aber durchbohren Sie Ihre Gesprächspartner nicht mit permanenten Blicken.

Eine verspannte Mimik kommt bei Ihrem Gegenüber ebenfalls nicht gut an. Eine positive Mimik erzeugen Sie durch ein leichtes, freundliches Lächeln. Ein Lächeln entspannt die Atmosphäre und erleichtert den Zugang zum Gesprächspartner bzw. zum Publikum. Hier ist anzumerken: Kein eingefrorenes, unechtes Dauerlächeln! Locker und natürlich bleiben!

2.5
Gäste im Büro empfangen

Wenn Sie Kollegen oder Mitarbeiter in Ihrem Büro empfangen, dann setzen Sie sich mit ihnen an einen Besprechungstisch oder auf eine Couch – sofern Sie eine in Ihrem Büro haben. Kommen Sie nicht auf die Idee, an Ihrem Schreibtisch sitzen zu bleiben und Ihren Gast davor Platz nehmen zu lassen. Das ist nicht unbedingt die beste Ausgangslage für ein harmonisches, konstruktives Gespräch.

Je mehr Gemeinsamkeiten und Übereinstimmung Sie mit Ihrem Gegenüber haben, desto stärker „spiegeln" Sie und er sich. Im Klartext: Sie nehmen eine ähnliche oder dieselbe Körperhaltung an wie Ihr Gegenüber und umgekehrt. Das wiederum verstärkt die angenehme Gesprächsstimmung.

Amateur *

Er will von Körpersprache wenig wissen, weil er der Meinung ist, dass nur das gesprochene Wort zählt. Er schlägt alle Hinweise, die ihm in Bezug auf Körpersprache gegeben werden, in den Wind und fühlt sich unverstanden.

Profi * * * * *

Er weiß, dass das gesprochene Wort nur mit der passenden Körpersprache überzeugend wirkt. Er verbessert sich kontinuierlich und ist selbst sein kritischster Betrachter. Er zeigt Haltung und Präsenz im Stehen und im Sitzen, mit einem Gesprächspartner oder vor Publikum.

3 Ihre Distanzzonen: Nähe durch Abstand

Was Sie erwartet:

➤ Business-Knigge: Die vier verschiedenen Distanzzonen
➤ Der richtige Abstand: Auf keinen Fall in die intime Distanzzone
  eindringen
➤ Wenn es zu nah ist: Einen Schritt zurück
➤ Wenn es zu entfernt ist: Einen Schritt vor

Vor einigen Jahren hatte ich einen Geschäftspartner, der mit großer Eindringlichkeit auf mich einredete und anscheinend durch mehr körperliche Nähe seinem gesprochenem Wort noch mehr Gewicht verleihen wollte. Er kam mir mit seinem Gesicht so nah, dass ich seinen Atem spüren konnte. Obwohl er ein freundlicher Mensch war, hatte ich keine große Lust, mit ihm zu reden, da er mir zu sehr auf die Pelle rückte und ich mich dabei unwohl fühlte.

Innerhalb eines Kulturkreises haben die Menschen relativ übereinstimmende Vorstellungen darüber, welcher räumliche Abstand zueinander in der jeweiligen Situation passt, was zu weit weg beziehungsweise was zu nah ist. Der Abstand zum Gegenüber wird auch als Distanzzone bezeichnet. Allgemein gilt eine Einteilung in vier Distanzzonen.

3.1
Die Distanzzonen

3.1.1
Intime Zone: unter 0,5 m

Die intime Distanzzone gestattet direkten körperlichen Kontakt, braucht ein ausdrückliches Einverständnis und bleibt besonders nahestehenden Menschen, mit denen man sehr vertraut ist, vorbehalten. Das Eindringen ohne Erlaubnis ruft Ablehnung oder gar Aggression hervor. Im Berufsleben ist diese Zone also mit größter Vorsicht zu behandeln. Unter Fremden und beim Erstkontakt ist sie tabu. Eine Ausnahme gilt beim Gesellschaftstanz.

3.1.2
Persönliche Zone: ca. 0,5–1,5 m

Dieser Abstand erlaubt die bei uns übliche Begrüßung, das Händeschütteln und wird bei Gesprächen unter guten Bekannten eingenommen. Dieser wird als angenehm empfunden, wenn die Körper sich nicht zu nahe kommen. Sonst würde man in die intime Distanzzone rutschen. Achten Sie also darauf, dass Sie Ihren Arm beim Händeschütteln nicht zu sehr beugen, damit Sie Ihrem Gegenüber nicht zu nahe treten.

3.1.3
Gesellschaftliche Zone: ca. 1,5–3 m

In der gesellschaftlichen Distanzzone begegnen wir uns eher abwartend. In diesem Bereich können sich zwei Menschen noch in normaler Lautstärke miteinander unterhalten. Diese Distanz wird von Menschen besonders dann gewahrt, wenn sie sich gemeinsam auf einer Veranstaltung oder einem Fest befinden, sich aber nicht oder kaum kennen.

3.1.4
Öffentliche Zone: mehrere Meter

Die öffentliche, sehr weite, Distanzzone spielt im Umgang mit Kollegen, Chefs und Kunden die geringste Rolle. Sie erlaubt kaum mehr einen persönlichen Kontakt. In dieser Zone sind andere Menschen noch in Sichtweite, aber womöglich schon außer Hörweite. Fremde nehmen so viel Abstand zueinander ein, wie es möglich ist – z. B. beim Warten am Gate eines Flughafens.

3.2
Der Umgang mit den Distanzzonen

Distanzzonen zu beachten und zu respektieren ist ein wichtiger Bestandteil zeitgemäßer Umgangsformen. Mit der Wahrung eines gewissen Abstands zollen Sie Ihrem Gegenüber Respekt und sorgen für eine angenehme Atmosphäre.

Problematisch wird es, wenn jemand trotz ausreichenden Platzes ungefragt in die persönliche oder gar intime Distanzzone anderer Menschen eindringt. Die Person, der man zu nahe kommt, fühlt sich unwohl. Meist schafft sie einen Ausgleich, indem sie den Eindringling ignoriert, sich wenn möglich seitlich stellt und den Blickkontakt meidet. Beobachten Sie einmal dieses Ignorieren in überfüllten U-Bahnen oder im Fahrstuhl.

Achten Sie also darauf, die Distanzzonen einzuhalten, damit die Menschen den als angenehm empfundenen Freiraum um sich herum wahren können und sich in Ihrer Gesellschaft wohl fühlen. Halten Sie sich bei beruflichen Anlässen ausschließlich im persönlichen Bereich anderer Personen auf, um nicht wertvolle Sympathiepunkte zu verspielen.

Wenn Sie selbst einen anderen Menschen als zu nah empfinden, sorgen Sie am besten erst einmal selbst für mehr Distanz. Wird die Grenze weiterhin überschritten, bleibt nur noch, denjenigen höflich, aber bestimmt darauf anzusprechen.

Praxistipp: Ein Verringern einer allzu großen Distanz kann positiv wirken. Wenn jemand zu Ihnen ins Büro kommt und Sie zur Begrüßung um den Schreibtisch herumgehen, signalisieren Sie Ihrem Besucher, dass Sie die Kommunikation zu ihm ohne das Hindernis Schreibtisch und den dadurch bedingten großen Abstand aufnehmen möchten. Zwar nimmt Ihr Besucher dieses Entgegenkommen meist nur unbewusst wahr, aber es hilft trotzdem, eine angenehme Gesprächsatmosphäre zu schaffen.

Amateur ✶

Er rückt anderen zu sehr auf die Pelle und verwechselt
körperliche Nähe mit einer besonders guten Geschäftsbeziehung. Von der Bedeutung der verschiedenen Distanzzonen hat er schon mal gehört, findet es aber nicht wichtig,
sich damit näher zu beschäftigen.

Profi ✶✶✶✶✶

Er nähert sich seinem Gesprächspartner nur bis zu einer
gewissen Grenze. Er beherrscht es, ohne Aufdringlichkeit
Gemeinsamkeiten und Vertrauen zu zeigen. Durch die
Einhaltung der angemessenen Distanzzone gibt er anderen
genügend Freiraum und schafft eine angenehme Atmosphäre
für das berufliche Miteinander.

4 Ihre Kleidung: Raupe oder Schmetterling

Was Sie erwartet:

➤ Professioneller Auftritt: Auf das richtige Outfit kommt es an
➤ Dress-Code: Keine auffällige Individualität
➤ Ambitionen zeigen: Sich kleiden wie die Top-Leute
➤ Kleiderwahl: Branche und Firmenimage berücksichtigen
➤ Immer richtig: Dezent und stilvoll
➤ Imageberatung: Ihr Geld wert

Sie können nicht hoffen, dass jeder weiß, dass Sie ein Schmetterling sind, wenn Sie wie eine Raupe aussehen. Es ist eine Tatsache, dass die meisten Menschen auf der Welt andere Personen nach den Äußerlichkeiten – und hier insbesondere der Kleidung – beurteilen. Wenn Sie wie ein Profi wahrgenommen werden wollen, dann müssen Sie auch wie einer aussehen.

Die meisten Leute, die Sie neu kennen lernen, schließen von Ihrer Kleidung direkt auf Ihre Fachkompetenz: Schließlich ist Ihr Körper zu ungefähr 80 % von ihr bedeckt.

4.1
Sich kleiden für den Erfolg

Die Wahl der richtigen „Berufskleidung" hängt hauptsächlich von der Branche ab, in der Sie tätig sind. Wenn Sie den Aufstieg als Rockmusiker anstreben oder sich einen Namen als Galerist in der Kunstszene machen wollen, dann können Sie dieses Kapitel getrost überspringen. Und wenn Sie bereits so viel Geld auf Ihrem Konto haben, dass es Ihnen bis ans Ende Ihres Erdendaseins reicht, auch.

Alle anderen lesen bitte weiter. Wenn Sie im Managementbereich weiterkommen wollen, dann tun Sie gut daran, sich allgemein an Ihrer Branche und insbesondere an den erfolgreichen Damen und Herren zwei Hierarchieebenen über Ihnen zu orientieren, um dazuzugehören. Wenn Ihnen das, was diese Personen tragen, gar nicht zusagt, sollten Sie ernsthaft überlegen, die Branche oder das Unternehmen zu wechseln.

Wenn Sie Ihre Fachkompetenz sichtbar machen wollen und nach Erfolg streben, dann werden Sie dies leichter verwirklichen, wenn Sie sich richtig kleiden. Fangen Sie nicht erst damit an, wenn Sie die gewünschte Position erreicht haben, sondern vorher. Tragen Sie heute die Kleidung, die Sie morgen auf der nächsten Stufe Ihrer Karriereleiter tragen werden, dann kommen Sie auch schneller dort an.

4.2
Unverzeihliche Ausrutscher

Völlig ungeeignet für den professionellen Auftritt im beruflichen Umfeld sind für die Damen zu eng anliegende Hosen zum Hosenanzug, Blusen oder Kleider ohne Ärmel, ein zu tiefes Dekolleté, keine Strümpfe oder zu hohe Absätze. Die Herren befördern sich ins Aus mit abgetragenen Jacketts, Hosen mit verschwommener Bügelfalte, Hemden mit kurzen Ärmeln, einer zu kurz oder zu lang gebundenen Krawatte. Die negativen „Klassiker" bei Damen und Herren sind jedoch abgetragene oder ungeputzte Schuhe. Banal, werden Sie sagen. Aber schauen Sie sich doch in Ihrem Umfeld einmal um.

Oftmals höre ich von männlichen Seminarteilnehmern, dass Sie im Beruf eine Krawatte mit Mickey Mouse oder eine Krawattennadel mit Lokomotive tragen, um Individualität zu leben. Das ist in meinen Augen der größte Unsinn. Niemand bekommt – ob als Angestellter oder als Selbstständiger – sein Geld dafür, dass er seine Individualität auslebt, sondern dafür, dass er seinen Job exzellent ausübt und – wenn er angestellt tätig ist – damit zum Unternehmenserfolg beiträgt.

Was wollen Sie Ihren Mitmenschen durch das Tragen Ihrer Kleidung mitteilen? Wie lautet Ihre Botschaft an Ihre Geschäftspartner, Ihre Kollegen, Ihre Mitarbeiter, Ihre Vorgesetzten – an alle, die Sie im Beruf umgeben: „Hallo, ich bin individuell gekleidet. Ich laufe jedem Trend hinterher. Ich will ganz anders sein als ihr ..."?

Oder ist die Botschaft vielleicht: „Ich bin ein fähiger und zuverlässiger Mitarbeiter/Geschäftspartner mit jahrelanger Praxiserfahrung. Ich löse Ihre Probleme stets so, wie es zum Erreichen Ihrer Ziele not-

notwendig ist. Ich bringe Ihnen maximalen Nutzen bei minimalem Risiko"?

Kleiden Sie sich professionell und dezent und dabei doch so, dass Sie sich ein wenig vom Durchschnitt abheben.

4.3
Was Kleidung ausdrückt

Es ist eine Tatsache, dass in jeder Branche ein eigener Dresscode herrscht, so ist z. B. die Bankerszene sehr klassisch-konservativ, die Pharmabranche eher leger, die Industrie konservativ, zweckmäßig und korrekt.

In welcher Branche Sie auch tätig sind, Ihre Berufskleidung sollte:

1. zu Ihrer Branche passen,
2. zu Ihrem Unternehmen passen,
3. zu Ihrer Person passen,
4. in einwandfreiem, gepflegtem Zustand sein.

Eine korrekte und einwandfreie Kleidung signalisiert Professionalität, Zuverlässigkeit und Vertrauenswürdigkeit.

Für skeptische Leser: Beantworten Sie sich bitte folgende Frage: Warum tragen Piloten eine Uniform? Sie könnten ja auch in Jeans und Turnschuhen ein Flugzeug fliegen. Vielleicht sogar besser fliegen, weil die Kleidung so bequem ist. Hier gilt: Uniformen übermitteln die Botschaft: „Unsere Airline arbeitet professionell mit Top-Personal und wir warten unsere Flugzeuge ebenso wie unsere Kleiderordnung dies widerspiegelt."

Weil es so wichtig ist, noch einmal die Frage: Was wollen Sie mit Ihrer Kleidung zum Ausdruck bringen? Erst wenn Sie das wissen, können Sie mit der Auswahl Ihrer Kleidung beginnen.

Im Folgenden habe ich einige Details zur Kleiderordnung zusammengestellt, mit der Sie branchenübergreifend sowie national und international richtig liegen. Wenn Sie im folgenden Text bei einigen Passagen schmunzeln und sich fragen, ob das nicht jeder weiß, so muss ich Sie enttäuschen. Wenn es so wäre, liefen dann nicht weniger Menschen herum, die offensichtlich von Dresscode keine Ahnung haben?

4.4
Dresscode für Herren

Herrenanzüge im Business sind grau oder blau. Schwarz ist auch prima, allerdings signalisiert die Farbe Schwarz, dass Sie Abstand wünschen – für Großgruppenpräsentationen durchaus hilfreich, um sich beispielsweise Vielfrager vom Leib zu halten. Das war prinzipiell schon alles zur Farbauswahl.

Einreiher sind am weitesten verbreitet. Denn um Zweireiher zu tragen, sollten Sie die dafür nötige kräftige Statur mitbringen und vorzugsweise älter als Mitte Fünfzig sein. Sind diese Kriterien nicht erfüllt, ist die Wahrscheinlichkeit gering, dass Sie mit einem Zweireiher richtig liegen.

Kombinationen, die deshalb so genannt werden, weil sich die Hose in Stoff und/oder Farbe und Muster vom Jackett unterscheidet, sind eine Alternative. Allerdings sehen Kombinationen immer legerer aus als Anzüge und müssen hinsichtlich des Stils zur Person passen – also Vorsicht!

Einreiher sind im Stehen geschlossen. Bei drei Knöpfen werden die oberen beiden, bei vier Knöpfen die oberen drei zugeknöpft. Der untere Knopf bleibt immer geöffnet. Wenn Sie eine Weste tragen, dann bleibt der unterste Knopf stets geöffnet. Wenn Sie diese Regeln einhalten, können Sie sicher sein, dass Sie kraftvoll wirken – denn ein geöffnetes Sakko signalisiert nicht Lässigkeit, sondern Unwissenheit oder mangelnden Respekt gegenüber Ihrem Gesprächspartner. Beides wirkt sich negativ auf Ihr Image aus. Beim Sitzen ist der Einreiher geöffnet, der Zweireiher bleibt geschlossen.

In die Brusttasche Ihres Jacketts kommt weder Ihr Handy noch eine Auswahl an Schreibgeräten. Wer seine Brusttasche mit Utensilien befüllt, outet sich als Nichtwisser.

Verabschieden Sie sich von qualitativ mittelmäßigen Anzügen und investieren Sie ein paar Euro mehr in Ihren nächsten Anzug. Man sieht es einfach, wenn Sie am falschen Ende sparen, weil die Form des Anzugs schon nach einigen Einsätzen nachlässt.

Maßanzüge haben den Vorteil, dass sie perfekt sitzen und Ihr Auftreten bestens unterstützen. Der Träger eines Maßanzugs lässt jeweils einen Knopf am Ärmel seines Jacketts auf. Der Profi erkennt den Maßanzug, der Amateur denkt, es wäre eine Nachlässigkeit.

Hemden sind weiß oder blau. Entweder sind sie einfarbig, gestreift oder kariert. Doch eines haben sie alle gemeinsam: lange Ärmel. Rein theoretisch dürfte es gar keine Geschäftshemden mit kurzen Ärmeln im Handel geben, denn ein Hemd soll immer 1 bis 3 cm aus einem Jackettärmel hervorschauen. Alles andere sieht „nackt" aus. Außerdem wird ein behaarter Männerarm nicht unbedingt als ästhetisch angesehen. Dies gilt insbesondere, wenn Sie Geschäfte mit Asiaten machen. Denn Behaarung wird dort vielfach mit Barbarentum gleichgesetzt.

Für die Praxis gilt: Je höher Ihre berufliche Position, desto konservativer Ihre Kleidung. Männer in Spitzenpositionen tragen deshalb häufig ausschließlich weiße Hemden.

Die Taschen Ihrer Hemden sind reine Dekoration. Es kommen weder die Zigarettenschachtel – wie in den 70er Jahren noch üblich – dort hinein, noch die Parkkarte, noch sonstige Kleinigkeiten. Die Tasche bleibt leer!

Und jetzt noch einige Worte zu den Manschettenknöpfen: prinzipiell sind sie wie jeder Knopf Mittel zum Zweck. Dennoch werden sie oft als Statussymbol gesehen und können unbeabsichtigt Neid hervorrufen. Wenn Sie Manschettenknöpfe tragen und Ihr Gegenüber nicht, haben Sie auf eine Nicht-Gemeinsamkeit aufmerksam gemacht. Kurzum: Wenn Manschettenknöpfe zu Ihnen und zu Ihrem beruflichen Umfeld passen und Sie Ihnen besser gefallen als Knöpfe, dann tragen Sie welche. Material und Farbe müssen zu Ihnen, Ihrer Uhr und Ihrer Gürtelschnalle passen. Manschettenknöpfe sollten nicht zu stark auffallen – ebenso wenig wie Ihre Krawatte.

Je weniger Ihre Krawatte auffällt, desto besser. Die Krawatte muss Ihr Auftreten unterstützen und nicht der Anziehungspunkt für den ersten Blick sein. Machen Sie hierfür den Praxistest. Binden Sie die fragliche Krawatte um und bitten eine Person, die vor Ihnen steht, die Augen zu schließen und anschließend blitzartig wieder zu öffnen. Fällt der erste Blick auf Ihr Gesicht, so unterstützt die Krawatte Ihren professionellen Auftritt. Schaut die Person zuerst auf Ihre Krawatte, so ist diese falsch gewählt, da sie sich zu sehr in den Mittelpunkt drängt und so die Wirkung Ihrer Person verringert.

Ihre Krawatte hat die richtige Länge, wenn die untere Spitze bis zur Gürtelschnalle ragt. Tragen Sie Ihre Krawatte immer korrekt. Öffnen Sie nicht den Krawattenknoten, wenn es Ihnen zu heiß wird.

Wenn Ihr Kunde bei hohen Außentemperaturen die Krawatte ablegt, so können Sie dasselbe tun. Wenn Sie die Krawatte abnehmen, tun Sie das bitte nicht über Ihren Kopf hinweg, sondern öffnen Sie vorsichtig den Krawattenknoten und hängen Sie die Krawatte ordentlich auf. Nach dem Tragen braucht eine Krawatte mindestens einen Tag Pause, bis sie wieder eingesetzt werden kann. So haben Sie länger Freude an Ihren Krawatten.

Wenn Sie Einstecktücher mögen und es zu Ihrer Persönlichkeit und zum Stil Ihres Outfits passt, dann ist dies ein schönes Alleinstellungsmerkmal, das Ihren Auftritt positiv beeinflusst. Das Einstecktuch sollte entweder das Muster *oder* die Farbe der Krawatte haben. Große Kaufhäuser bieten auch Kombinationen von Krawatte und Einstecktuch an, die in Farbe und Muster identisch sind: Finger weg! Damit outen Sie sich als Nichtwisser.

Krawattennadeln und -klammern werden i. d. R. nicht getragen, denn sie sind überflüssig. Im Stehen kann eine Krawatte nicht verrutschen, weil das Jackett geschlossen ist. Im Sitzen kann die Krawatte nicht verrutschen, weil man sich nicht so stark bewegt. Wenn Sie unbedingt eine Krawattennadel oder -klammer tragen möchten, dann beantworten Sie sich vorher die Frage, warum Sie dies tun wollen. Wie dem auch sei, verschonen Sie Ihr Umfeld auf jeden Fall mit Krawattennadeln und -klammern, auf denen kleine Züge oder Flugzeuge zu sehen sind!

Das Tragen von Fliegen und Schleifen ist im Geschäftsleben umstritten. Wenn Sie diese Alternativen tragen möchten, so fragen Sie sich auch hier, welche Nachricht Sie Ihrem Umfeld damit übermitteln möchten.

Ihre Strümpfe sollten so lang sein, dass im Sitzen Ihr Bein noch bedeckt ist. Farblich sollten die Strümpfe zu den Schuhen passen und demnach schwarz sein. Vermeiden Sie das Tragen von Socken mit Mustern und Karikaturen.

Wenn Sie Italiener sind, dann können Sie braune Schuhe zum blauen Anzug tragen und wenn Sie ein andalusischer Farmer sind, dann sind geflochtene Sandalen auch adäquat. Wenn Sie allerdings Ihre Fachkompetenz national und international sichtbar machen wollen, dann empfehle ich Ihnen klassische schwarze Schuhe. Wenn Ihnen hierbei die individuelle Note fehlt, dann lassen Sie sich die Schuhe bei einem Schuhmacher in Handarbeit fertigen. So haben Sie die Möglichkeit, Ihre Individualität in die Tat umzusetzen – und dies geht soweit, dass Sie sich auch Ihre Initialen unterhalb des Schuhs zwischen Sohle und Absatz einbrennen lassen können. Also: Schuhe sind schwarz, schwarz oder schwarz. Was den Stil der Schuhe angeht: Achten Sie darauf, dass Ihre Füße mit den Schuhen nicht wirken wie die einer Primaballerina, aber auch nicht wie die eines Minenarbeiters.

Ihr Gürtel sollte aus mattem oder poliertem Leder und schwarz sein, denn er muss zu Ihren Schuhen passen. Vorzugsweise verzichten Sie auf ein sichtbares, großes Markenlogo, um keine Neider auf den Plan zu rufen.

4.5
Dresscode für Damen

Damen haben mehr Freiheit bei der Auswahl ihrer Kleidung als Herren. Für sie gilt ganz besonders, dass sie die in ihrem Unternehmen und in ihrer Branche übliche Kleidung berücksichtigen sollten, denn ein Pharmaunternehmen, eine Bank, ein Verlag oder ein Unternehmen der Sportbranche lassen höchst unterschiedliche Stile in Bezug auf den Dress-Code der Damen zu.

Insbesondere in den letzten Jahren ist die Kleidung der Damen lässiger geworden. Jeans, T-Shirt und Sportschuhe können in vielen Unternehmen problemlos getragen werden. Auffällig ist allerdings, dass ab einer bestimmten Hierarchieebene – und die ist ziemlich weit unten – diese Outfits selten vorkommen. Frauen können prinzipiell tragen, was sie wollen, doch wenn sie den Weg nach oben anstreben, dann kommen sie an der klassischen Kleiderordnung meistens nicht vorbei.

Kostüm oder Hosenanzug tragen Sie mit einer Jacke. Jackett sagt man zur Jacke des Herrenanzugs, bei den Damen heißt es Jacke, auch wenn die meisten dies nicht wissen. Die Farben für Ihren offiziellen beruflichen Auftritt sind grau und blau – wie in der Männerwelt. Mit diesen Farben erreichen Sie eine höhere Akzeptanz und unterstreichen die Gleichwertigkeit mit Ihren männlichen Kollegen.

Für Hose oder Rock gilt: Kleiden Sie sich feminin, jedoch nicht zu aufreizend. Denken Sie immer daran, was Sie mit Ihrer Kleidung erreichen möchten: Das Unterstreichen Ihrer Fachkompetenz. Zu kurze Röcke und zu enge Hosen sind tabu.

Blusen, die im Business getragen werden, sollten klassisch und feminin sein. Sie sollten vorzugsweise weiß, blau oder in einem anderen dezenten Farbton sein: einfarbig, gestreift oder kariert. Eng anliegende T-Shirts mit einem geschäftstauglichen Halsausschnitt oder Pullis mit Steh- oder Rollkragen bieten professionelle Alternativen. Mit einem Tuch oder einem Schal können Sie Ihrem Outfit zusätzlich eine besondere Note geben.

Die Schuhe der Damen sind schwarz oder blau. Optimalerweise sind sie klassisch geschnitten, mit flachen oder halbhohen Absätzen sowie vorn und hinten geschlossen.

Als Dame im Business zeigen Sie nie strumpflose Beine. Dies gilt auch für hohe Temperaturen im Sommer. Die Farbe der Strümpfe orientiert sich an der Farbe des Kostüms oder des Hosenanzugs. Strümpfe mit Laufmaschen beeinträchtigen Ihre Gesamterscheinung extrem. Legen Sie deshalb für alle Fälle im Büro und im Auto Ersatzstrümpfe bereit. Das garantiert Ihnen zu jeder Zeit einen perfekten Auftritt.

Durch das Tragen von Schmuck haben Sie eine schöne Möglichkeit, Ihre eigene Note einfließen zu lassen. Wählen Sie diesen so aus, dass er Sie Ihrem Ziel, möglichst kompetent zu erscheinen, näher bringt. Ihre Persönlichkeit und Ihre Kleidung sollten unterstrichen werden. Ringregel: Nicht mehr als drei Ringe für zwei Hände!

4.6
Haben Sie alles getan?

Stellen Sie sich in der für Sie üblichen Berufskleidung vor einen Spiegel und fragen Sie sich: Hat die Person, die Sie sehen, alles getan, um professionell und kompetent zu erscheinen?

Wenn Sie sich hinsichtlich der Auswahl Ihrer Kleidung nicht sicher sind, dann fragen Sie bitte *nicht* eine Freundin oder einen Bekannten um Rat. Professionelle Kleidung braucht professionelle Beratung. Auch wenn die Regeln für Businesskleidung sehr stark standardisiert sind, lassen sich doch durch Kleinigkeiten hinsichtlich Schnitt, Farbe und Kombination beachtliche Vorteile erreichen.

Leisten Sie sich beim nächsten Einkauf eine/n professionelle/n Imageberater/-in. Durchforsten Sie mit ihr/ihm gemeinsam Ihren Kleiderschrank. Trennen Sie sich von Kleidungsstücken, die ihren Zweck nicht mehr erfüllen und Ihr Image negativ beeinflussen. Imageberater/-innen kennen sich bei der professionellen Kleiderauswahl aus und haben den nötigen Abstand zu Ihrer Person, um neutral beraten zu können. Gönnen Sie sich diese Investition und vertrauen Sie nicht auf Kaufhausberater, die nicht die erforderlichen Kenntnisse und Erfahrungen haben.

Bei Abweichung von der üblichen Kleiderordnung werden die wenigsten das als Ausdruck von Individualität betrachten, sondern Unkenntnis annehmen. Wenn Sie sich an die Kleidungsregeln halten, werden es die Personen, die sich auskennen, wohlwollend und anerkennend bemerken.

Eines noch: Es ist nicht nur wichtig, was Sie tragen, sondern auch wie Sie es tragen. Um Eindruck mit Ihrer Kleidung zu hinterlassen, brauchen Sie ein selbstsicheres und gewandtes Auftreten. Erst, wenn Sie die Hinweise in den anderen Kapiteln dieses Buches beachten, ergibt sich ein abgerundetes Bild.

Amateur ✳

Er kleidet sich so, wie er möchte und sieht die Kleidung im Job als Möglichkeit, seine Individualität auszuleben. Kleidung muss ihm gefallen und bequem sein. Um die Kleiderordnung seiner Branche und seines Unternehmens schert er sich nicht.

Profi ✳✳✳✳✳

Er sieht seine Kleidung im Job als geniale Möglichkeit, seine Fachkompetenz zu unterstreichen. Er orientiert sich bei der Auswahl seiner Kleidung an seinem Unternehmen und seiner Branche und beachtet die gängigen Kleidungsregeln. Er trägt qualitativ hochwertige Kleidung. Unter Umständen lässt er sich auch professionell beraten.

5 Ihre Sprache: Klartext sprechen

Was Sie erwartet:

> Gesprächsatmosphäre: Freundlichkeiten aussprechen, Reizwörter meiden
> Gesprächsverlauf: Reden ist Silber, Zuhören ist Gold
> Telefonieren: Immer ganz Ohr sein

„Dieses Produkt ist bestens für Ihre Anwendungen geeignet!" Der Satz lässt sich unterschiedlich sprechen:

- Mit nach unten gezogenen Mundwinkeln und ernster Stimme. Niemand wird Ihnen glauben.

- Mit neutralen Mundwinkeln und neutraler Stimme. Ihnen werden wahrscheinlich schon mehr Personen Glauben schenken als bei der ersten Variante.

- Jedoch erst, wenn Sie mit begeisterter Stimme und freundlichem Gesicht diese Botschaft aussenden, wird der Großteil Ihrer Zuhörer überzeugt sein.

Bild 5.1 Es ist nicht nur entscheidend, was Sie sagen, sondern wie Sie es sagen

Dies liegt daran, dass wir über drei Kanäle kommunizieren, wenn wir uns persönlich gegenüberstehen: über den inhaltlichen, den akustischen und den optischen Kanal. Erst wenn alle drei Kanäle aufeinander abgestimmt sind, wirkt das, was wir sagen, glaubwürdig und überzeugend.

5.1
Zu Ihrer Person passend

Regelmäßig zeichne ich mich bei Seminaren und Vorträgen auf, um dann mit externen Personen konstruktiv Kritik zu üben. Vor Jahren hielt ich meine Vorträge mit geringer Redegeschwindigkeit, bis ich merkte, dass es den Zuhörern weniger auf eine grammatikalisch bis ins Kleinste ausgefeilte und langsame Aussprache ankam, sondern mehr auf schnellen Input und kurzweilige, bildhafte Darstellungen.

Gespräche mit Teilnehmern bestätigen mir immer wieder, dass sie gerade mein recht schnelles Sprechen als sehr positiv empfinden. Damit gebe ich nicht nur zügig Informationen, sondern strahle gleichzeitig Dynamik aus. Natürlich darf man nur so schnell reden, wie die Zunge mitkommt. Und die Aussprache darf dabei nicht undeutlich werden.

Es gibt meiner Meinung nach nur einen guten Grund, seine Redegeschwindigkeit extrem zu drosseln. Und zwar dann, wenn Sie die Aufmerksamkeit der Zuhörer verstärkt auf sich lenken möchten. Zum Beispiel, bevor Sie eine wichtige Botschaft oder ein Resultat verkünden.

Sprechen Sie also zügig, klar und möglichst ohne Versprecher. Bleiben Sie jedoch dabei natürlich. Ihr Sprechstil muss zu Ihrer Person passen und darf nicht aufgesetzt dynamisch sein – sonst wirken Sie so überdreht wie viele Teleshopping-Verkäufer.

Hören Sie sich Ihr aufgezeichnetes Sprechen demnächst einmal mit einem Coach an und lassen Sie sich Tipps zur Verbesserung geben. Wenn Sie lebendig und kraftvoll reden, dann wird man Ihre Fachkompetenz wesentlich höher einstufen, als wenn Sie vorsichtig vor sich hinsäuseln.

Praxistipp: Wenn Sie dazu neigen, Füllworte wie „ähh", „öhh" oder Ähnliches zu gebrauchen, was Ihre Professionalität mit Sicherheit nicht unterstreicht, dann ziehen Sie sich vor wichtigen Präsentationen oder Besprechungen kurz zurück und sagen Sie das Füllwort 30 Mal schnell hintereinander. Dann machen Sie eine Pause von wenigen Sekunden und sagen das Füllwort nochmals 30 Mal hintereinander. In vielen Fällen ist dann das Füllwort bis zu einer Stunde eliminiert.

5.2
Akzent und Dialekt

Am professionellsten ist es, wenn Sie reines Hochdeutsch sprechen. Für Personen, die einen starken Akzent oder Dialekt sprechen (z. B. Hochdeutsch mit bayrischem Akzent), die also bei der Aussprache vom allgemein Üblichen abweichen, gilt: Sie haben nur begrenzte Möglichkeiten, diesen Akzent oder Dialekt zu verbergen oder ihn sich abzutrainieren. Stehen Sie dazu!

Sie werden wahrscheinlich innerhalb des Gebiets, in dem der Akzent oder Dialekt verbreitet ist, Sympathiepunkte ernten. Dennoch: Für klares Hochdeutsch werden Sie in punkto Kompetenz überall in Deutschland höher eingestuft und bekommen auch mehr Anerkennungspunkte hinsichtlich Ihres gesellschaftlichen Status. Was Sie jedoch nicht ändern können, sollten Sie akzeptieren und das Beste daraus machen.

5.3
Positive Verstärkung

Mit dem Einsatz anerkennender Äußerungen können Sie Emotionen in Ihr Gespräch einfließen lassen, die es Ihrem Gesprächspartner warm ums Herz werden lassen.

Beispiele hierfür sind:

- „Schön, dass wir dieses Projekt gemeinsam realisieren."

- „Es macht mir Freude, mit Ihnen zu arbeiten."

- „Sie beeindrucken mich immer wieder."

- „Dies ist eine sehr gute Frage."

Aber übertreiben Sie nicht! Zusätzlich können Sie den Namen Ihres Gesprächspartners einfügen. Dadurch bekommen Ihre Aussagen noch eine persönliche Note, denn jeder hört seinen Namen gern.

5.4
Was Sie meiden sollten

Andererseits gibt es Worte und Formulierungen, die eine ungute Atmosphäre hervorrufen oder verstärken. Bewusst oder unterbewusst werden sie von Ihrem Gesprächspartner aufgenommen und beeinflussen die Gesprächsstimmung negativ.

Folgende Worte und Aussagen sollten Sie deshalb vermeiden, insbesondere wenn Sie sich negativ äußern: stets, immer, aber (auch „ja, aber" ist nicht besser!), Problem, zuständig, überprüfen, kontrollieren, „Ich bin mir nicht sicher...", „Weiß ich auch nicht..." (Sie können sehr wohl sagen: „Ich arbeite *immer* gern mit Ihnen zusammen"!)

Streichen Sie auch die Worte „vielleicht" und „irgendwie" aus Ihrem aktiven Wortschatz. Sie verwässern damit nur Ihre Aussage. Wenn Sie so vage bleiben, weiß Ihr Gegenüber nicht, woran er ist. Mit eindeutigen, konkreten Aussagen wirken Sie weitaus überzeugender.

Vermeiden Sie Superlative (am besten, am tiefsten, am größten). Dadurch lassen Sie wenig bis gar keinen Spielraum für die Gesprächsentwicklung und andere Meinungen.

Und: Streichen Sie ab sofort den Konjunktiv aus Ihrer Sprache. Damit meine ich Aussagen wie: „Ich sollte...", „Ich müsste...", „Ich würde...", „Ich hätte...". Seien Sie stattdessen konsequent und sagen Sie: „Ich werde..."!

5.5
Den nächsten Schritt festlegen

Am Ende eines jeden Gesprächs, das Sie führen, sollte unbedingt festgelegt werden, was der nächste Handlungsschritt sein wird, also wie es weiter geht – und vor allem wann.

Wenn Sie z. B. eine Stunde mit jemandem gesprochen haben und nicht festlegen, wie und wann es in der entsprechenden Angelegenheit weitergeht und wer welche Aufgaben übernimmt, dann haben Sie kein Gesprächsergebnis erreicht. Ohne eine Vereinbarung über nächste Schritte und Termine war unter Umständen das ganze Gespräch nutzlos. Denn das weitere Vorgehen bleibt dem Zufall überlassen. Auch die Schlussbemerkung „Dann rufe ich Sie demnächst wieder an!" lässt alles unbestimmt.

Nach jedem Gespräch müssen Sie wissen, was von wem bis wann zu tun ist. Geben Sie das Zepter nicht aus der Hand. Sagen Sie z. B. am Ende einer Projektbesprechung: „Herr X, Sie senden mir die Unterlagen A, B und C bis zum 25.7. zu und wir setzen uns zu einem weiteren Gespräch am 29.7. um 10 Uhr in Ihrem Büro zusammen." Seien Sie immer so konkret wie möglich.

Es liegt an Ihnen, zu zeigen, dass Sie es in Sachen Fachkompetenz und Gesprächsführung drauf haben – und das wollen Sie doch, oder nicht?

5.6
Weniger reden, mehr zuhören

Für alle Gesprächssituationen gilt die Erfolgsregel: mehr zuhören als reden!

Zeigen Sie, dass Sie zuhören, indem Sie körpersprachlich auf das Gesagte Ihres Gesprächspartners eingehen – beispielsweise mit einem Kopfnicken. Sie können auch sprachlich Ihr aktives Zuhören unterstreichen, indem Sie ab und zu „ja", „stimmt", „verstehe" oder Ähnliches sagen.

Des Weiteren: Fragen Sie viel! Stellen Sie sog. „offene Fragen", die nicht mit „ja" oder „nein" zu beantworten sind. Dies sind Fragen, die zum Beispiel mit den Frageworten wer, wie, wo, was, wann, warum anfangen. Durch offene Fragen bekommen Sie Informationen, auf die Sie im späteren Gesprächsverlauf gezielt eingehen können. Sie können sich auch eine Aussage konkretisieren lassen, indem Sie eine weitere offene Frage stellen.

Ein Beispiel soll zeigen, was ich meine. A: „Welche Erfahrungen haben Sie denn mit der neuen Softwareversion gemacht?" B: „Oh, ich bin sehr zufrieden. Insbesondere die Menüführung ist viel einfacher geworden." A: „Das freut mich zu hören. Was hat sich dann da im Detail für Sie verbessert?" B: „Der Aufbau ist jetzt viel übersichtlicher. Bei der früheren Version ..."

Sie dürfen so viel fragen, wie Sie wollen, solange Sie ab und zu erläutern, warum Sie so viel fragen! Vorschläge für die Begründung: Sie fragen,

- um mit Ihren Ausführungen möglichst punktgenau auf Ihren Gesprächspartner eingehen zu können,
- um ihm eine individuelle Lösung aufzeigen zu können,
- um ihm seinen Nutzen detailliert erläutern zu können.

Halten Sie das Gespräch in Gang, ermutigen Sie Ihren Gesprächspartner zum Reden. Die Fragen, die Sie stellen, sollten Ihren Gesprächspartner in seiner Antwort nicht begrenzen, sondern ihn auffordern, sich in das Gespräch mit eigenen Gedanken und Ausführungen einzubringen. Hierbei sind Ihre Aufmerksamkeit, Einfühlung und Wertschätzung von großer Bedeutung für das Gelingen des Gesprächs.

5.7
Telefongespräche: Seien Sie ganz Ohr

Man sieht Sie während eines Telefonats zwar nicht, jedoch gibt die Art und Weise wie Sie sprechen Aufschluss darüber, wie Sie gekleidet sind und in welcher Umgebung Sie sich aufhalten. Eine weitere Informationsquelle für Ihren Gesprächspartner am anderen Ende der Leitung sind Nebengeräusche im Hintergrund.

Deshalb gilt für alle, die vom Home-Office aus arbeiten: Telefonieren Sie nicht im Schlafanzug! Und telefonieren Sie schon gar nicht, wenn Sie sich gerade in Ihrer Küche oder in Ihrem Badezimmer aufhalten, auch wenn das Schnurlostelefon Ihnen dies ermöglicht! Man sieht es zwar nicht, aber man hört es.

Im Übrigen sollten Sie immer sicherstellen, dass Sie ein Lächeln auf den Lippen haben. Stellen Sie sich ruhig einmal einen Spiegel neben Ihr Telefon und schauen Sie bevor Sie den Hörer abnehmen und ab und zu während des Telefonats dort hinein.

Praxistipp: Kommen Sie nicht auf die Idee, während Sie telefonieren nebenbei Ihre Post zu sichten oder Ihre E-Mails zu lesen. Das ist alles andere als wertschätzend. Im Übrigen: auch das Briefe-Öffnen und das Tastenklicken sind für den anderen hörbar. Und es wird auffallen, wenn Sie mit den Gedanken woanders sind. Konzentrieren Sie sich also voll und ganz auf Ihren Gesprächspartner!

5.8
Verhandlungen und Konflikte

Die meisten Verhandlungen laufen so ab, wie Sie den Takt vorgeben. Sie sind der Dirigent mit dem Stab in der Hand. Und wenn Sie am Dirigentenpult schlafen, dann bläst die Kapelle, was sie will – und nicht das, was Sie wollen. Seien Sie also ganz präsent und führen Sie mit leichter Hand zum gewünschten Ergebnis.

In Konfliktsituationen sollten Sie sich immer fragen: Wollen Sie Recht behalten oder Erfolg haben? Finden Sie heraus, wo die Gemeinsamkeiten mit Ihrem Gegenüber liegen, jenseits der kontroversen Standpunkte. Behalten Sie Ihr Ziel im Auge und seien Sie flexibel, wenn es um den Weg dorthin geht. Vermeiden Sie – wenn irgend möglich – eine direkte Konfrontation. Passen Sie auf, dass Rede und Gegenrede nicht zu einem Schlagabtausch werden.

Stellen Sie sich vor, dass das Miteinandersprechen so funktioniert, als wenn ein Ball immer hin und her geworfen wird. Man weiß nicht im Voraus, was die andere Person als nächstes sagen wird. Man kann folglich nicht vorher festlegen, was der übernächste Schritt sein wird.

Gerade in kritischen Gesprächssituationen sollte es Ihre Aufgabe sein, den Ball möglichst schnell wieder auf die andere Seite zu spielen, so dass Ihr Gesprächspartner etwas sagen muss. Halten Sie keine endlosen Monologe, sondern stellen Sie Fragen. Zum Beispiel: „Was schlagen Sie vor?" Dies ist allemal effektvoller und Erfolg versprechender als sich um Kopf und Kragen zu reden.

Wenn Ihr Gegenüber ausfallend wird oder Ihnen sein Tonfall nicht gefällt, dann machen Sie eine Sprechpause von fünf Sekunden, schauen Ihrem Gesprächspartner in die Augen und sagen: „Herr X, habe ich etwas falsch gemacht?" Ihr Gesprächspartner wird Sie vermutlich mit großen Augen ansehen und fragen, wie Sie darauf kommen. Und jetzt können Sie zusammenfassen, was Ihnen nicht gefällt und was Sie sich stattdessen wünschen. Sie begeben sich damit in das Zentrum des Konflikt-Tornados, doch nur so können Sie die Sache in den Griff bekommen und sicherstellen, dass Sie respektiert werden.

Amateur ✶

Er spricht, wie ihm der Schnabel gewachsen ist und hofft, dass es für alle anderen so passt. Er hört sich gerne reden und beharrt im Konfliktfall aufs Rechthaben.

Profi ✶✶✶✶✶

Er spricht klar und deutlich, aber nicht zu langsam. Er stellt sich auf seine Gesprächspartner und seine Zuhörer ein und denkt über seine Worte und Formulierungen nach. Er hört seinem Gegenüber aufmerksam zu und stellt interessiert Fragen.

6 Ihre Begrüßung: Sekundenschnell überzeugen

Was Sie erwartet:

> Besucher empfangen: Keine zweite Chance für den ersten Eindruck.
> So viel Zeit muss sein: In aller Form begrüßen
> Kurzpräsentation: Sich selbst gekonnt vorstellen

Gleich bei der Begrüßung stellen Sie die Weichen für den gesamten Gesprächsverlauf. Die ersten Minuten – wenn nicht gar Sekunden – liefern Ihrem Gegenüber den entscheidenden Eindruck von Ihnen und Ihrer Haltung ihm gegenüber. Mit der Art der Begrüßung können Sie außerdem hervorragend Ihre Fachkompetenz sichtbar machen. Es ist umso unverständlicher, dass dem Begrüßungsritual vielfach so wenig Beachtung geschenkt wird.

Die Praxis sieht oft so oder so ähnlich aus: Ein Projektmanager empfängt einen Kunden; er holt ihn an der Pforte des Unternehmens ab, macht einen gehetzten Eindruck und gibt dem Kunden, noch nicht ganz in dem kleinen Pförtnerhäuschen angekommen, flüchtig die Hand, getreu dem Motto: „Nur keine Zeit verschwenden". Doch was passiert? Der Besucher fühlt sich nicht ausreichend respektiert und hat den Eindruck, er werde als unwichtig eingestuft.

6.1 Mit dem gebührenden Respekt

Sie sollten sich für jede Begrüßung ausreichend Zeit nehmen. Zeigen Sie Ihrem Gegenüber mit einem lächelnden Gesicht, dass Sie sich freuen, ihn zu begrüßen. Schauen Sie ihm in die Augen, unterstützen Sie Ihre Begrüßung mit einem mittelfesten Händedruck und nennen Sie neben dem Tagesgruß (z. B. „Guten Tag") auch seinen Namen klar und deutlich. Hierdurch schaffen Sie eine optimale Einleitung für den Small Talk zu Beginn und den späteren Übergang zum fachlichen Gespräch.

Wenn Sie einen Besucher in Ihrem Büro begrüßen, dann werden verschiedene Verhaltensweisen ganz unterschiedliche Botschaften vermitteln.

Ihr Besucher tritt in Ihr Büro ein, Sie bleiben an Ihrem Schreibtisch sitzen, schauen kaum auf und zeigen nebenbei mit der Hand auf den Stuhl vor Ihrem Schreibtisch. Dazu sagen Sie noch: „Setzen Sie sich schon mal hin. Ich bin gleich fertig." Sie erledigen in den nächsten drei Minuten Ihre Aufgabe zu Ende und wenden sich dann Ihrem Mitarbeiter zu, indem Sie auffordern: „Dann schießen Sie mal los!" – Grauenhaft! Die Botschaft: Sie sind mir nicht wichtig; ich will unser Gespräch schnell hinter mich bringen.

Die bessere Alternative: Ihr Besucher tritt in Ihr Büro ein. Sie schauen erfreut Ihren Besucher an, gehen auf ihn zu und begrüßen ihn mit seinem Namen. Sie sagen, dass Sie sich freuen, ihn zu sehen. Sie bitten ihn, am schon aufgeräumten und vorbereiteten Besprechungstisch Platz zu nehmen. Nach der Begrüßung gehen Sie zum Small Talk über, den Sie nach wenigen Minuten zum Fachgespräch überleiten. – Gut! Die Botschaft hierbei: Sie sind mir wichtig; ich nehme mir ausreichend Zeit für Sie; ich erkenne Ihre Leistung an und respektiere Sie.

Sollte es Ihnen nicht möglich sein, sich sofort dem Gast zu widmen, weil Sie z. B. telefonieren und noch kurz Zeit brauchen, das Gespräch zu Ende zu bringen, sollten Sie zumindest sofort Blickkontakt aufnehmen, mit freundlicher Miene hereinwinken und mit der Hand auf einen Stuhl deuten.

Herren stehen zur Begrüßung auf, Damen dürfen sitzen bleiben. Das ist traditionell gesehen korrekt. Weil aber im Beruf auf Gleichberechtigung Wert gelegt wird, sollten sich auch Damen zur Begrüßung kurz erheben.

6.2
Hektik ade

Ob Vorgesetzter, Mitarbeiter, Kollege, Kunde, Lieferant oder Geschäftspartner: Sie sollten hier keine Unterschiede bei der Begrüßung machen. Denn Ihr professionelles Auftreten bei der Begrüßung unterstützt Ihre Fachkompetenz und wird kurz-, mittel- und langfristig zu Ihren beruflichen Erfolgen beitragen.

Lassen Sie sich nicht durch die oft spürbare Hektik Ihres Gegenübers beeindrucken und lassen Sie keinesfalls zu, dass diese Sie ansteckt. Dies gilt insbesondere auch für Bewerber, die sich für ein Bewerbungsgespräch im einladenden Unternehmen einfinden. Zeigen Sie Ihre Fachkompetenz, indem Sie sich unbeirrt Zeit für die Begrüßung nehmen und diese professionell durchführen. Vielleicht gelingt es Ihnen sogar, Ihre Ruhe und Professionalität auf den Gesprächspartner zu übertragen.

6.3
Ihre Werbebotschaft

Beim Begrüßen einer Person, die Sie zum ersten Mal treffen – z. B. auf einer Messe oder einem Kongress –, sollten Sie nicht nur Ihren Namen nennen, sondern eine kurze persönliche Werbebotschaft parat haben, wenn die Frage kommt: „Und was machen Sie beruflich?"

Diese Werbebotschaft, die Ihren Vor- und Nachnamen, den Unternehmensnamen, Ihre Position, Ihren Tätigkeitsbereich sowie Ihre Branche umfasst, gibt kurz Aufschluss darüber, welcher Nutzen für Ihr Gegenüber aus dem Kennenlernen resultieren kann.

Als Beispiel soll meine eigene Kurzvorstellung dienen: „Guten Tag, ich bin Dirk Preußners. Ich habe mich darauf spezialisiert, die Vertriebserfolge von Unternehmen mit technischen Produkten zu steigern. Bei zahlreichen Automobilzulieferern konnte ich meine Erfahrungen bereits einbringen."

Passen Sie Ihre persönliche Werbebotschaft der jeweiligen Gelegenheit an und formulieren Sie sie mal länger, mal kürzer. Sie soll geeignet sein, Anknüpfungspunkte herzustellen, die das Interesse Ihres Gegenübers an einem Gespräch mit Ihnen erhöhen. Ihre professionelle Werbebotschaft sollte kurz, prägnant und nutzenorientiert sein!

Amateur ∗

Er sieht die Begrüßung als notwendiges Übel und gibt sich keine sonderliche Mühe. Er lässt sich von der allgemeinen Hektik anstecken. Er macht sich keine Gedanken darüber, wie er sich selbst vorstellen kann.

Profi ∗∗∗∗∗

Er sieht die Begrüßung als wichtigen Gesprächsbeginn und unternimmt alles, um seinem Gegenüber Respekt zu zeigen. Von der Hektik anderer lässt er sich nicht anstecken. Um sich vorzustellen, hat er eine geeignete persönliche Werbebotschaft eingeübt und wendet sie bei jeder sich bietenden Gelegenheit situationsbezogen an.

7 Ihre Visitenkarte: Unentbehrlich für den Erstkontakt

Was Sie erwartet:

> Die Visitenkarte: Ein Stück Persönlichkeit
> Positionsbezeichnung: Ausdruck von Fach- und Entscheidungskompetenz
> Für den positiven Eindruck: Gute Gestaltung und hochwertige Qualität
> Mit Fingerspitzengefühl: Karten stilgerecht übergeben und annehmen

Eine Visitenkarte ist weitaus mehr als ein Stück Papier, auf dem die Kontaktdaten einer Person stehen. Sehen Sie Ihre Visitenkarte als Stück Ihrer Persönlichkeit an! Ja, genau, ein Stück von Ihnen und nicht nur ein Stück Papier. Hervorragend geeignet, um ganz direkt Ihre Fachkompetenz sichtbar zu machen.

7.1
Die Visitenkarte als Aushängeschild

Im Geschäftsleben sind Visitenkarten ein absolutes Muss. Sie zeigen, mit wem man es zu tun hat und welche Funktion die Person im Unternehmen einnimmt.

Wenn einem die Bedeutung der Visitenkarte bewusst ist, muss es einem gegen den Strich gehen, eine Visitenkarte mit abgeknickten Ecken oder einer handschriftlich korrigierten Telefonnummer aus der Hand zu geben. Solche Verunstaltungen sind absolut amateurhaft.

Wenn Sie eine unsaubere oder verkritzelte Visitenkarte übergeben, dann zeigt das nicht nur mangelnden Respekt der anderen Person gegenüber, sondern vor allen Dingen mangelnde Wertschätzung sich selbst gegenüber. Denn sonst würden Sie höchsten Wert auf Ihre Visitenkarten legen.

Tun Sie sich deshalb selbst den Gefallen und behandeln Sie Ihre
Visitenkarten äußerst pfleglich. Ab jetzt ist jede Ihrer Visitenkarten
ein Teil von Ihnen!

Bei Selbstständigen, die die Gestaltung der Visitenkarte frei wählen können, sagt die Karte immer etwas über den persönlichen Stil
aus. Darüber hinaus ist sie Ausdruck der Marketingstrategie und ein
Teil der „Corporate Identity", auch wenn es sich nur um ein ganz
kleines Unternehmen handelt.

Praxistipps für die Gestaltung: Die Karte muss professionell aussehen. Verwenden Sie auf keinen Fall selbstgedruckte Visitenkarten
oder Automatenausdrucke. Beauftragen Sie einen Fachbetrieb. Empfehlenswert sind Formate bis höchstens 55 x 90 mm. Wählen Sie ein
stabiles Papier. Nutzen Sie nur gut lesbare Druckschriften.

7.2
Facility Manager statt Hausmeister

Eines meiner Lieblingsthemen in Seminaren und in der Beratung ist
das Thema Positionsbezeichnung. Es gibt dazu einiges anzumerken.

Stellen Sie sich vor, Sie lernen auf einer Messe jemanden kennen.
Diese Person überreicht Ihnen ihre Visitenkarte. Bei welcher der un-
tenstehenden Positionsbezeichnungen würden Sie dieser Person die
größte Fach- und Entscheidungskompetenz zuordnen?

- Vertriebsleiter

- Leiter Vertrieb

- Sales Manager

- Senior Sales Manager

- Executive Sales Manager

- Sales Director

Die Frage lässt sich allein von der Bezeichnung her nicht eindeutig
beantworten. Letztendlich kann hinter jeder dieser Bezeichnungen
dieselbe Fach- und Entscheidungskompetenz stecken, denn die meisten Positionsbezeichnungen sind frei wählbar. Wenn Sie den deut-

schen „Vertriebsleiter" ins Englische übersetzen, so wird dieser – korrekt übersetzt – zum „Sales Manager". Ein „Sales Manager" ist in internationalen Märkten jedoch gelegentlich auch die Klofrau, die die Toiletten der Sales Abteilung sauber hält. Also Vorsicht: Sie können sich nicht als „Bettler" bezeichnen und erwarten, dass alle Personen, die Sie treffen, Sie als „König" anerkennen.

Beantworten Sie sich die Frage: Wie kann Ihre Positionsbezeichnung Ihr Image stärken? Positionsbezeichnungen dürfen Sie frei wählen, sofern diese nicht im Handelsregister oder anderen Verzeichnissen eingetragen sind. Das heißt, Sie dürfen sich nur Geschäftsführer, Prokurist usw. nennen, wenn Sie es auch sind. Andere Bezeichnungen, wie Vertriebsleiter, Senior Sales Manager, Head of Sales, dürfen Sie insoweit frei wählen, wie diese in die Organisationsstruktur Ihres Unternehmens passen. Überprüfen Sie, inwieweit Ihre deutsche und englische Positionsbezeichnung innerhalb der von Ihrem Unternehmen vorgegebenen Organisationsstruktur geändert werden kann.

Der Gedanke ist, Ihrem Umfeld mitzuteilen, wie Sie hinsichtlich Ihrer Kenntnisse und Fähigkeiten und Ihrer beruflichen Aufgabe wahrgenommen werden wollen, und nicht, wie Ihre Position innerhalb des Organigramms heißt. Wenn Sie also als Hausmeister arbeiten, dann schreiben Sie ab heute „Facility Manager" als Position auf Ihre Visitenkarte. Für alle anderen Positionen in der Wirtschaft gilt im übertragenen Sinne das Gleiche!

7.3
Titel und Grade

Titel und akademische Grade sind nach wie vor eine Eintrittskarte für bestimmte Berufe und Branchen. Der Doktortitel, der durch eine abgeschlossene Promotion erworben wird und nachweist, dass die Person eigenständig eine umfangreiche wissenschaftliche Arbeit verfasst hat, ist auch heutzutage noch gern gesehen und steht nach wie vor für besondere Kompetenz.

In welcher Position Sie auch tätig sind: Mit einem Doktortitel spricht man Ihnen häufig ohne Ihr weiteres Zutun mehr Kompetenz zu als ohne. Ob Sie Versicherungen oder Immobilien verkaufen, mit

Aktien handeln oder Hauptabteilungsleiter bei einem Hersteller für Kühlschränke sind.

Auch als Dipl.-Ing., Dipl.-Kaufmann/Kauffrau, Dipl.-Betriebswirt/ -in spricht man Ihnen voraussichtlich automatisch eine hohe Fachkompetenz zu – zumindest, wenn Sie im weitesten Sinne in einem Ihrem Studienfach entsprechenden Bereich tätig sind. Auf jeden Fall wird sichtbar, dass Sie ein Studium bis zum Abschluss gebracht und eine Diplomarbeit geschrieben haben.

7.4
Übergaberitual

Eine Visitenkarte sollte immer professionell überreicht werden! Sie brauchen dies nicht mit beiden Händen zu tun, so wie es in Asien praktiziert wird. Dennoch sollten Sie eine kleine Zeremonie daraus machen.

Übergeben Sie die Visitenkarte möglichst nicht über Hindernisse hinweg. Das Unterbewusstsein Ihres Gegenübers wird registrieren, dass etwas zwischen Ihnen beiden steht und dies als negativ abspeichern. Gehen Sie zum Beispiel – wenn die Situation und die Räumlichkeit es zulassen – um einen Tisch herum, um Ihre Visitenkarte korrekt zu übergeben. Tun Sie dies in Ruhe.

Ziehen Sie das Übergeben der Visitenkarte nicht ins Lächerliche, indem Sie bei der Übergabe Ihrer Karte Sprüche von sich geben wie „Hier meine Koordinaten", „Für das Kartenspiel", „Für Ihre Kartensammlung". Sie sollten bei der Übergabe der Visitenkarte keine große Show machen; stattdessen ist Professionalität gefragt.

Gibt Ihnen Ihr Geschäftspartner seine Visitenkarte, sollten Sie sich dafür bedanken und diese unbedingt lesen und nicht etwa unbeachtet einstecken. Betrachten Sie die Karte einige Sekunden, nehmen Sie Bezug auf etwas, was Sie auf der Karte sehen. Ihr Gegenüber möchte schließlich beachtet und anerkannt werden. Geben Sie ihm dieses Gefühl. Es kostet Sie nur einige Sekunden und ebnet Ihnen den Weg zum erfolgreichen Fachgespräch.

Amateur ✶

Er sieht seine Visitenkarte als bloßes Stück Papier mit den Kontaktdaten und hält die Positionsbezeichnung für nicht so wichtig. Er macht keine große Sache aus dem Übergeben und Annehmen einer Visitenkarte.

Profi ✶✶✶✶✶

Er sieht seine Visitenkarte als einen wichtigen Ausdruck seiner Persönlichkeit und versteht seine Positionsbezeichnung als Teil des Selbstmarketings. Die Übergabe einer Visitenkarte ist ihm wichtig und er nimmt sich Zeit dafür. Einer Karte, die er übergeben bekommt, schenkt er ausreichend Aufmerksamkeit.

8 Ihr Small Talk: Den Gesprächseinstieg ebnen

Was Sie erwartet:

➤ Zu Gesprächsbeginn: Nicht mit der Tür ins Haus fallen
➤ Small Talk: Kleine Gespräche mit großer Wirkung
➤ Themenwahl: Auf die Interessen des Gesprächspartners eingehen

Sie besuchen einen Geschäftspartner in seinem Unternehmen, werden von seiner Assistentin am Empfang abgeholt und in einen leeren Besprechungsraum geführt. Wenige Minuten später tritt Ihr Geschäftspartner ein, begrüßt Sie kurz und startet sofort mit dem Fachgespräch. Wie würden Sie sich fühlen?

Wenn Sie ein Gespräch ohne Small Talk starten, dann ist das ungefähr so, als wenn ein Student der Betriebswirtschaftslehre einen Tag nach seinem Studienabschluss eine Position als Geschäftsführer in einem Großunternehmen antreten wollte. Das kann nur schief gehen.

Deshalb: Üben Sie sich in der leichten Konversation, werden Sie ein Profi in Sachen Small Talk!

8.1
Der Sinn des Small Talks

Small Talk lässt sich nicht umgehen und nicht überspringen. Er ist wichtig, um eine neue Beziehung vorsichtig zu starten und um eine bestehende nach längerer Zeit wieder zu aktivieren. Je besser Sie es beherrschen, diesen Gesprächeinstieg locker zu gestalten, desto dankbarer wird Ihr Gesprächspartner sein, auch wenn er genau weiß, dass dieser kleine Plausch vorweg nur den Sinn hat, zum eigentlichen Gespräch hinzuführen. Für die Fähigkeit, Small Talk zu führen, bekommen Sie von Ihrem Gesprächspartner eine große Anzahl von Bonuspunkten auf Ihr Fachkompetenzkonto gutgeschrieben.

Small Talk verstärkt die gegenseitige Sympathie, hilft, eventuell vorhandene Berührungsängste abzubauen, Vertrauen aufzubauen und schafft damit eine hervorragende Basis für das anschließende Fachgespräch.

8.2
Themen, die überzeugen

Machen Sie sich keine Gedanken über ausgefallene Themen. Wenn Ihnen nichts Besseres einfällt, dann starten Sie mit dem Wetter.

Effektiver und professioneller ist es allerdings, mit einem Thema zu starten, dass eine Gemeinsamkeit zwischen Ihnen und Ihrem Gesprächspartner in den Mittelpunkt stellt. Dies kann die aktuelle Aussicht aus einem Wolkenkratzer sein, Ihr letztes gemeinsames Telefonat, die letzten gemeinsamen Erlebnisse auf einer kürzlich besuchten Messe usw.

Pluspunkte gibt es insbesondere, wenn Sie einen Small Talk starten, der auf Ihren Gesprächspartner eingeht und eines seiner außerfachlichen Interessen zum Thema macht. Was Sie von sich und Ihren Hobbys zu erzählen haben, ist zwar nicht uninteressant, aber die Themen Ihres Gesprächspartners sollten für Sie noch viel interessanter sein.

Fragen Sie ihn doch einfach nach seiner Bienenzucht, seinem Hund, seinem letzten Marathonlauf oder seinem geplanten Urlaub in Norwegen. Stellen Sie solche Fragen jedoch nicht als Teil einer emotionslosen Strategie, sondern bringen Sie ehrliches Interesse auf. Nur dann werden Sie die gewünschte Wirkung erzielen.

Denken Sie daran, dass so gut wie niemand etwas Negatives von Ihnen hören möchte – schon gar nicht beim Small Talk. Behalten Sie deshalb Ihre Rückenschmerzen für sich. Die Leute haben genug eigene Probleme.

Wenn Sie Kontakt zu einer Ihnen bisher unbekannten Person aufnehmen, dann unternehmen Sie maximal drei Versuche, diese Person in einem unverbindlichen Gespräch näher kennen zu lernen. Wenn das nicht zum Erfolg führt, dann haken Sie diesen Kontakt ab, auch wenn Sie keine eindeutig ablehnende Aussage bekommen haben.

Profis teilen Ihnen unverblümt und direkt mit, wenn Sie kein Interesse an einem Gespräch mit Ihnen haben. Amateure sind stattdessen ausweichend, unzugänglich und wortkarg. Lassen Sie sich dadurch nicht beirren und behalten Sie für andere Kennenlern-Manöver Ihren Mut und Ihren Tatendrang bei.

Amateur ✶

Er sieht Small Talk als lästig an und kommt gleich zur Sache. Er wundert sich, warum seine Fachgespräche immer „kühl" verlaufen und seine Beziehungen zu Geschäftspartnern sich nicht intensivieren.

Profi ✶✶✶✶

Er beginnt jedes Gespräch mit einem Small Talk und schafft einige Minuten später einen sanften Übergang zum Fachgespräch. Durch die lockere Unterhaltung erfährt er viel über seine Gesprächspartner, kann auf diese besser eingehen und die Beziehungen leicht ausbauen.

9 Ihre Gesprächsführung: Gemeinsamkeiten betonen

Was Sie erwartet:

➤ Im Gespräch: Gemeinsames verbindet

➤ Ehrliches Interesse: Zuhören und Fragen stellen

➤ Horizonterweiterung: Ständig Neues hinzulernen

Zeigen Sie im Gespräch Gemeinsamkeiten auf, die Sie mit Ihrem Gegenüber verbinden. Je größer die „Schnittmenge", die Sie mit Ihrem Gesprächspartner haben, desto besser wird der Draht zwischen Ihnen beiden sein. Zu den möglichen Gemeinsamkeiten zählen nicht nur die Interessen, sondern auch Alter, Herkunft, Wohnort, Studium, Kleidung, Sprache, gemeinsame Freunde und Bekannte.

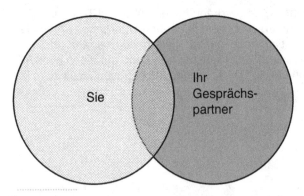

Bild 9.1 Gemeinsamkeiten, die Sie mit Ihrem Gegenüber verbinden

9.1
Auf den Gesprächspartner eingehen

Gehen Sie auf Ihren Gesprächspartner so stark ein, wie nur eben möglich. Golfspieler reden gern über ihr Handicap, „Häuslebauer" über die Probleme eines jeden Bauherrn, Miniatur-Eisenbahnfans über die letzte oder nächste Messe für Miniatur-Eisenbahnen und

Autotuner über den Abstand zwischen der Straße und ihrem Vehikel. Das ist menschlich und trifft auch auf Sie und mich zu, oder nicht?

Nutzen Sie diese Chancen und gehen Sie mit ehrlichem Interesse darauf ein. Wenn Sie mit einem Thema zunächst gar nichts anfangen können: Seien Sie einfach neugierig und stellen Sie Fragen. Lassen Sie die Leute viel erzählen und hören Sie aufmerksam zu. Wenn Sie jemanden treffen, der sich für Sie und Ihre Themen interessiert, so freut es Sie doch auch, oder?

Wenn Ihnen erst einmal klar ist, wie günstig es für den Gesprächsverlauf ist, auf die Interessen Ihres Gegenübers einzugehen, werden Sie es ab jetzt viel stärker tun – natürlich ohne zu übertreiben. Gespieltes Interesse verfehlt seine Wirkung!

9.2
Den Horizont erweitern

Um von den verschiedensten Themen wenigstens ein bisschen Ahnung zu haben, ist es hilfreich, sich mit vielen Personen über die unterschiedlichsten Dinge zu unterhalten, viele Bücher, Zeitungen und Zeitschriften zu lesen und informative Fernsehsendungen zu sehen. Ihr Horizont erweitert sich mit jedem Gespräch und mit jedem Bericht, den Sie gelesen oder gesehen haben. Häufig wächst auch das Interesse an den Dingen, über die Sie besser Bescheid wissen. Das, was Sie heute noch als langweilig ansehen, wird Ihnen morgen vielleicht Freude bereiten, eine Gehaltserhöhung bringen oder einen neuen Job.

Für alle, die mir den Vorwurf eines berechnenden Vorgehens machen: Unternehmen sind dazu da, Profit zu generieren. Und Sie sind dafür eingestellt worden, um dieses Ziel tatkräftig zu unterstützen bzw. als Selbstständiger angetreten, Ihre selbst gesteckten Ziele zu erreichen. Deshalb sind Vorgehensweisen, die Sie beruflich noch erfolgreicher machen, mehr als legitim. Aufgeschlossen und allgemein interessiert zu sein, gehört unbedingt zu einem kompetenten und professionellen Auftreten.

Amateur ✶

Er interessiert sich nur für die Themen, mit denen er sich
völlig identifizieren kann und die ihm Spaß bereiten. Alle
anderen Themen langweilen ihn. Am liebsten erzählt er von
seinen Interessen.

Profi ✶✶✶✶✶

Er findet leicht den Draht zu seinem Gesprächspartner.
Er ist vielseitig interessiert und erweitert seinen Horizont
ständig. Er kann zu nahezu allen Themen etwas sagen.
Wenn er nichts beitragen kann, so kann er zumindest
treffende Fragen zum Thema stellen.

10 Ihr Privates: Etwas von sich preisgeben

Was Sie erwartet:

➤ Auch im Geschäftsleben: Menschen suchen Menschen
➤ Die Entwicklung einer Beziehung: Sich kennen lernen und Vertrauen gewinnen
➤ Brücken bauen: Auch Persönliches von sich erzählen

Sie werden sich an dieser Stelle vielleicht fragen, was denn das Sichtbarmachen der Fachkompetenz mit dem Privatleben zu tun hat. Man trennt schließlich nur allzu gern diese beiden Bereiche. Doch es sieht nur auf den ersten Blick so aus, als hätte das eine mit dem anderen nichts zu tun. In Wahrheit tun Sie gut daran, auch im beruflichen Umfeld einiges aus dem privaten Bereich preiszugeben.

Menschen suchen Menschen und Menschen machen Geschäfte mit Menschen und nicht mit Amtsträgern, Geschäftsführern, Einkäufern, Verkäufern. Es ist ganz wichtig, dass Sie das beherzigen!

10.1
Schritt für Schritt

Stellen Sie sich vor, Sie machen mit jemandem zum ersten Mal Geschäfte. Sie brauchen diese Person genau genommen nicht gut zu kennen, denn wenn irgendetwas schief geht, haben Sie Gesetze im Hintergrund, die Streitigkeiten regeln, notfalls vor Gericht. Hierfür brauchen Sie noch nicht einmal einen schriftlichen Vertrag. Doch dieses Verhalten entspricht nicht dem angestammten menschlichen Verhalten. Unbehagen wird das Geschäft trotz der Rechtssicherheit begleiten.

Vergleichen wir eine Geschäftsbeziehung mit einer Privatbeziehung: Ein Mann sieht in einem Lokal eine attraktive Frau an der Bar sitzen. Mit Sicherheit wird er nicht auf sie zugehen und sagen: „Guten Abend, wollen wir heiraten und dann sehen, ob wir zueinander passen?" Ebenso wenig würde eine Frau einem Mann, den sie gerade in einem Café kennen gelernt hat, gleich einen Heiratsantrag machen.

Beide werden zunächst ein paar unverbindliche Worte miteinander wechseln und dabei herausfinden, ob es eine gemeinsame Wellenlänge gibt. Wenn ja, werden sie sich zu einem weiteren Treffen verabreden. Wenn das positiv verläuft und sie Gefallen aneinander finden, werden sie regelmäßig etwas miteinander unternehmen sowie sich die Familie, Freunde und Bekannten des anderen ansehen. Sie werden herausfinden, wie sich der Mensch, den sie kennen gelernt haben, in seinem sozialen Umfeld verhält. Dann werden Sie einige Jahre miteinander verbringen, um zu sehen, ob sie gemeinsam die Höhen und Tiefen, die das Leben so mit sich bringt, meistern können. Erst dann werden sie eventuell heiraten und eine Familie gründen.

Ein ähnlicher Ablauf findet im Business statt. Auch in einer Geschäftsbeziehung kommt man sich Schritt für Schritt näher.

10.2
Ungefragt von sich erzählen

Wenn Ihr Gegenüber Sie nicht ausreichend kennt, hat er immer das Problem, dass er Sie nicht einschätzen kann. Und das führt zu einem Unsicherheitsgefühl und Unbehagen; beides ist Gift für die Geschäftsbeziehung. Ihr Gegenüber wird im Zweifelsfall kein Risiko eingehen und erst einmal abwarten, bis er mehr über Sie weiß und Sie besser einschätzen kann.

Geben Sie deshalb von sich aus Privates und Persönliches in einem abgesteckten Rahmen preis. Was sind Sie für ein Mensch? Wer sind Sie außerhalb des Berufs? Beantworten Sie Ihrem Gegenüber ungefragt die folgenden Fragen, wenn Zeitpunkt und Gelegenheit passen:

- Wie alt sind Sie? (immer interessant!)
- Wie sieht Ihr beruflicher Werdegang aus?
- Wo sind Sie geboren und aufgewachsen?
- Wie sieht Ihre familiäre Situation aus?

- Welche Interessen haben Sie?
- Wohin fahren Sie in den Urlaub?
- Wie ist Ihr soziales Engagement?

Insbesondere der letzte Punkt überzeugt ungemein: Jemand, der erfolgreich seines Weges geht und Format besitzt, engagiert sich auch für die Belange von Menschen oder Tieren in Not. Zeigen Sie, dass Sie einen Beitrag zur Gesellschaft leisten und nicht nur ihr eigenes Karrieresüppchen kochen. Sie können sich auch für die Regenwälder engagieren. Eindrucksvoller ist jedoch der Einsatz für die Rettung der Elefanten in Afrika oder der Bau von Unterkünften für Menschen in wirtschaftlich gebeutelten Zonen Asiens, die Sie mindestens einmal im Jahr selbst besuchen.

Zudem können Sie durch derartige Aktivitäten auch Weltoffenheit und Toleranz zeigen; beides Dinge, die man von kompetenten und erfolgreichen Personen erwartet. Haben Sie ein offenes Ohr für die Belange der verschiedensten Völkergruppen weltweit!

Erzählen Sie von sich und machen Sie nicht aus allem ein Geheimnis. Sie werden ein Gespür dafür haben, welche persönlichen Dinge den anderen wirklich nichts angehen. Aber geben Sie Ihrem Gesprächspartner doch ruhig die Chance, Sie näher kennen zu lernen.

Amateur ✳

Er verwechselt Diskretion mit Geheimniskrämerei, hält sich völlig bedeckt und gibt keine privaten oder persönlichen Details preis. Er nimmt seinem Gegenüber die Möglichkeit, ihn besser kennen zu lernen.

Profi ✳✳✳✳✳

Er hat einen Bereich seines Privatlebens der Öffentlichkeit geöffnet. Er weiß, dass diese Offenheit Brücken von Mensch zu Mensch baut und sich so auf den weiteren Verlauf der Geschäftsbeziehung positiv auswirkt.

11 Ihre Einladungen: Sympathie schaffen

Was Sie erwartet:

➤ Häufiger einladen: Gemeinsames Essen verbindet
➤ Großzügigkeit: Keine Kosten und Mühen scheuen
➤ Beziehungspflege: Sich Zeit nehmen

Da ich selbst mehr als zehn Jahre als Fach- und Führungskraft für Unternehmen gearbeitet habe, weiß ich, dass die Kosten für Einladungen häufig zu Konflikten innerhalb eines Unternehmens führen.

Zahlreiche Unternehmen laden ihre Kunden viel zu selten ein. Und wenn sie es tun, darf es nicht zu teuer werden. Häufig wird erst eingeladen, wenn der Auftrag schon erteilt wurde. Warum ein schönes Restaurant; der Gasthof um die Ecke reicht doch auch. Drei-Gänge-Menüs sind die Ausnahme, zum einen, weil sie zu teuer sind, zum anderen, weil man zu viel Zeit dafür benötigt.

11.1
Sinn und Zweck einer Einladung

Kürzlich lud mich ein Kunde zum Essen ein. Es war 12:30 Uhr. Zu seiner Assistentin sagte er: „Wir gehen jetzt in die Kantine zum Mittagessen. Ich denke, wir sind um 12:50 Uhr wieder da." Wie will man in 20 Minuten zu Mittag essen und etwas für die gute Geschäftsbeziehung tun? Welcher Stellenwert wird mir durch eine solche Einladung gegeben?

Die gemeinsame Einnahme von Mahlzeiten stellt eines unserer Grundbedürfnisse in den Mittelpunkt des Zusammentreffens. Dieses Erlebnis verbindet die teilnehmenden Personen miteinander. Einladungen zum Essen stärken die Beziehungsebene und sind ideal, um eine Beziehung auf lange Sicht zu festigen.

Praxistipp: Wenn Sie einer Einladung folgen, tun Sie gut daran, kein fachliches Wort zu verlieren, sondern Ihre Fachkompetenz unmerklich einfließen zu lassen.

11.2
Worauf Sie achten sollten

Wenn es um Einladungen geht, die Sie aussprechen, müssen Sie sich als erstes die folgenden Fragen beantworten:

- Welches Ziel verfolgen Sie, wenn Sie einladen?
- Wie können Sie aus der Einladung eine gelungene Aktion in Sachen Beziehungspflege machen?
- Wie können Sie Ihre Kompetenz bei der Einladung bestmöglich sichtbar machen?

Wählen Sie mit Bedacht das Restaurant aus, in das Sie einladen, damit es für den Anlass wirklich passend ist. Aus dem Niveau des Restaurants wird Ihr Geschäftspartner auf den Grad der Wertschätzung, die Sie ihm entgegenbringen, schließen. Qualität und Service müssen stimmen. Ein geschmackvolles Ambiente sorgt zudem für eine angenehme Gesprächsatmosphäre.

Wenn Sie einen Gast im eigenen Unternehmen empfangen, dann kümmern Sie sich darum, wie es um Kaffee und Gebäck in den Besprechungsräumen bestellt ist. Bitte keinen abgestandenen Kaffee aus Großthermoskannen und keine zerbröselten Billigkekse anbieten, die schon mehrmals an Besprechungen teilgenommen haben. Kalte Getränke sollten ebenfalls bereit stehen.

Praxistipp: Wenn Sie selbst im Hotel übernachten, sparen Sie nicht am Hotelstandard. Insbesondere dann nicht, wenn Ihr Geschäftspartner Sie – z. B. zu einer Einladung zum Essen – dort abholt. Der Ruf des Hotels wird auf Sie und Ihr Unternehmen übertragen. Es gibt für außenstehende Beobachter (z. B. Kunden) keinen plausiblen Grund, warum Sie als Top-Mann oder Top-Frau in einem drittklassigen Hotel nächtigen – der Grund kann nur eine schlechte Auftragslage aufgrund schlechter Leistungen sein!

Amateur *

Er lädt, wenn überhaupt, in ein beliebiges Lokal ein, Hauptsache in der Nähe und preisgünstig. Das Geschäftsessen darf ihm außerdem nicht zu viel Zeit stehlen.

Profi * * * * *

Er plant den gesamten Ablauf der Einladung präzise und versetzt sich in die Lage der eingeladenen Person. Er nutzt diese Gelegenheit, seine Professionalität unter Beweis zu stellen. Er weiß, dass das gemeinsame Essen sich positiv auf die Beziehungsebene auswirkt, und nimmt sich deshalb Zeit.

12 Ihre Tischetikette: Die Regeln für Ihren Erfolg

Was Sie erwartet:

> Essen und Trinken: In aller Form, aber ohne Förmlichkeit
> Sitzordnung: Wie man sich setzt, so fühlt man sich
> Erlernbar: Die Benimm-Regeln für ein erfolgreiches Geschäftsessen

Wozu gibt es eigentlich Tischetikette? Allgemeine Umgangsformen – und so auch Tischetikette – sind Leitlinien für ein taktvolles und rücksichtsvolles Miteinander. Wenn Sie sich die folgende Antwort merken, dann können Sie in nahezu allen Situationen Ihr korrektes Verhalten davon ableiten: Tischetikette ist dazu da, andere Personen nicht zu belästigen und selbst nicht belästigt zu werden!

„Belästigen" ist hier im weitesten Sinne zu verstehen. So fühle ich mich bereits „belästigt", wenn sich jemand vor dem Trinken nicht den Mund abwischt und das Glas nach dem Trinken unappetitlich aussieht. Andere sind da vielleicht weniger empfindlich. Als Maßstab sollte man dabei die Person mit der niedrigsten Frustrationstoleranz nehmen.

Nur wenn Sie bei gemeinsamen Essen mit Geschäftspartnern und Kunden sicher in Ihrem Auftreten sind, können Sie Ihre Kompetenz erfolgreich sichtbar machen. Denn bei kaum einer anderen Gelegenheit verraten Personen ihre Herkunft und ihren sozialen Status so unverblümt wie beim Essen.

Beim gemeinsamen Essen geht es außerdem um Beziehungsaufbau und -ausbau, nicht nur um Nahrungsaufnahme. Je professioneller Sie Einladungen aussprechen und durchführen, umso mehr Wertschätzung bringen Sie den eingeladenen Personen entgegen.

Übertreiben Sie es nicht: Bleiben Sie bei aller Wahrung der Umgangsformen jederzeit natürlich!

12.1
Die Bedeutung der Sitzposition

Gehen Sie mit nur einem Geschäftspartner essen, dann stellt sich die Frage, wie sie sich zueinander setzen, sofern der Tisch verschiedene Möglichkeiten zulässt.

Die räumliche Position, die die Gesprächspartner im Sitzen zueinander einnehmen, ist für ihre Beziehung im Gespräch von erheblicher Bedeutung. Da ist zum einen die Entfernung zwischen den Sitzenden, die auch ihre persönliche Distanz ausdrückt. Die Entfernung bestimmt zum anderen die notwendige Lautstärke beim Sprechen, die Möglichkeiten gegenseitiger Beobachtung und des Blickkontakts. Die gewählte Sitzordnung hat Symbolcharakter. Zwei Sitzpositionen kommen in Frage: das Sitzen vis à vis und das Sitzen über Eck.

Beim Gegenübersitzen kann man sich ganz auf seinen Gesprächspartner konzentrieren und ihn in seiner gesamten Körpersprache leichter wahrnehmen und interpretieren. Dennoch wird diese Sitzposition nicht von allen Gesprächspartnern als angenehm empfunden. Manche Menschen fühlen sich zu direkt mit ihrem Gesprächspartner konfrontiert. Nicht umsonst ist dies auch die typische Sitzordnung für das Vorgesetztengespräch.

Beim Sitzen über Eck ist durch die Variabilität des Winkels zwischen den Gesprächspartnern eine bewegliche Gesprächssituation gegeben. Änderungen der Position der Gesprächspartner werden nicht so stark wie bei der reinen Gegenüber-Sitzposition als Abwendung empfunden. Schließlich lässt sich die Distanz etwas variieren und wird nicht durch die Breite des Tisches vorgegeben.

Praxistipp: Bei gemeinsamen Essen mit Ihnen, Ihrer Partnerin, einem Kunden und dessen Partnerin gelten besondere Regeln. Rechts von Ihnen sitzt die Partnerin des Kunden. Rechts vom Kunden sitzt Ihre Partnerin. Diese Anordnung ermöglicht eine aufgelockerte Atmosphäre und fördert die Kommunikation.

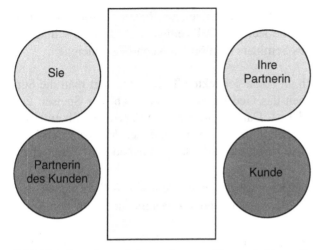

Bild 12.1 Sitzordnung bei gemeinsamen Essen mit Ihnen, Ihrer Partnerin, einem Kunden und dessen Partnerin

12.2
Wenn Sie einladen

Gehen Sie auf Ihre Gäste ein. Entscheiden Sie sich für die passende Lokalität, in der Sie den Kontakt zu Ihren Gästen vertiefen wollen. Bringen Sie deshalb die Vorlieben Ihrer Gäste in Erfahrung.

Profis wissen, dass sie die Regie am Tisch innehaben. Sprechen Sie Empfehlungen aus, während Ihre Gäste die Karte studieren und zeigen Sie Führungsstärke, indem Sie z. B. die Anzahl der Gänge vorschlagen. Je zurückhaltender Sie sind, desto unsicherer fühlen sich die Gäste. Je souveräner Sie sind, desto mehr Punkte gibt es auf Ihrem Professionalitätskonto.

Als Gastgeber zahlen Sie, indem Sie den Tisch verlassen und die Rechnung unter Ausschluss Ihrer Gäste beim Kellner zahlen.

12.3
Hätten Sie es gewusst?

Es ist mir an dieser Stelle nicht möglich, vollständig und detailliert auf alle Regeln der Tischetikette einzugehen. Prüfen Sie doch einmal, ob Ihnen die Mehrzahl der folgenden Regeln vertraut ist. Wenn nicht, dann sollten Sie sich bei Gelegenheit mit Hilfe einschlägiger Literatur oder eines Seminars die nötigen Kenntnisse aneignen.

- Wenn man sich an einen gedeckten Tisch setzt, legt man die Serviette links neben das Gedeck, bis die Auswahl der Speisen und Getränke beendet ist. Dann sollte man die Serviette halb entfalten und auf seinen Schoß legen. Am Ende der Mahlzeit wird die Stoffserviette lose zusammengefasst links neben dem Teller abgelegt.

- Auch Papierservietten werden nach dem Essen links neben dem Teller abgelegt. Sie werden weder zerknüllt, noch auf den Teller gelegt.

- Einmal aufgenommenes Besteck kommt nicht mehr mit dem Tisch in Berührung. (Messer und Gabel auf dem Tellerrand, die Griffe auf dem Tisch, sagt aus: Ein wenig kultivierter Esser!)

- Messer und Gabel in V-Form auf dem Teller signalisieren dem Personal, dass man noch weiter essen möchte. Messer und Gabel parallel auf den Teller, signalisieren dem Personal, dass man mit dem Essen fertig ist.

- Wenn man schon etwas gegessen hat, dann tupft – nicht reibt – man immer erst seinen Mund mit der Serviette sauber, bevor man zum Weinglas greift.

- Gläser mit Stiel sollte man auch an diesem anfassen. Es ist stillos, Wein-, Sekt- oder Cocktailgläser am Kelch zu packen.

- Mit einem leeren Glas prostet man nicht zu.

- Ein Sorbet ist ein vor dem Hauptgericht serviertes eisgekühltes Fruchtsaftgetränk, das die Aufgabe hat, den Geschmack zu neutralisieren.

- Wasser: Wenn man seinem Tischnachbarn Wasser nachschenken möchte, dann verrenkt man sich dabei nicht, sondern bittet ihn, sein Glas in Reichweite zu platzieren. Nach dem Einschenken nimmt er es dann wieder zu sich.

- Beim Umrühren von Kaffee sollten keine Geräusche entstehen. Der Kaffeelöffel wird vor dem Trinken auf den Unterteller gelegt, ohne vorher abgeleckt zu werden.

- Brot wird gebrochen und nicht geschnitten. Sollten kleine, frisch gebackene Brötchen zur Vorspeise gereicht werden, so werden diese nicht durchgeschnitten und mit Butter beschmiert, sondern ebenfalls gebrochen und dann die Stücke mit Butter versehen.
- Suppentassen darf man zum Mund führen, um den letzten Rest auszutrinken.
- Große Salatblätter dürfen mit dem Messer geschnitten werden.
- Spargel und Kartoffeln darf man schneiden.
- Käse auf einem Käseteller sind in guten Restaurants geschmacklich vorsortiert. Im Uhrzeigersinn von mild bis scharf.
- Auch bei einem Buffet sind selbstverständlich die üblichen Regeln der Tischetikette einzuhalten. Insbesondere gilt es als unschicklich, die übliche Speisenfolge zu missachten und sich z. B. gleichzeitig an Vor- und Hauptspeise oder gar gleich am Nachtisch zu bedienen. Besonderheit: Man braucht nach der Rückkehr zum Platz nicht mit dem Essen zu warten, bis alle Tischnachbarn ebenfalls zurückgekehrt sind.

Praxistipp: Man isst nicht, während man irgendwohin läuft, und man isst auch nicht am Schreibtisch. Suchen Sie zum Essen entsprechende Räume auf, die dafür vorgesehen sind.

Amateur ✶

Er hält Tischetikette schlichtweg für überflüssig und meint, dass sie nichts mit der Fachkompetenz zu tun hat. Er isst so, wie es für ihn am naheliegendsten ist, auch wenn es für andere nicht ästhetisch ist.

Profi ✶✶✶✶✶

Er weiß, dass die Beachtung von Tischetikette wichtig ist, um gesellschaftlich akzeptiert zu werden. Er überprüft sein Verhalten bei Tisch selbstkritisch und berücksichtigt die Erwartungen seines Umfelds. Er liest entsprechende Bücher oder besucht ein Seminar, um alle wichtigen Regeln zu erlernen.

13 Ihre Geschenke: Einfallsreich auswählen

Was Sie erwartet:

> Nicht vergessen: Kleine Geschenke erhalten die Geschäfts-
> freundschaft
> Aufpassen: Angemessen schenken
> Gut überlegen: Geschenke mit Sorgfalt auswählen

Wann haben Sie zuletzt einem Kollegen, einem Mitarbeiter, einem
Vorgesetzten oder einem Geschäftspartner ein Geschenk gemacht?
Durch Geschenke zeigen Sie Wertschätzung gegenüber der be-
schenkten Person und deren Leistung. Und Sie tragen zu einem an-
genehmen Arbeitsklima bei.

13.1
Warum etwas schenken?

Fälschlicherweise werden Geschenke im beruflichen Umfeld oftmals
mit Bestechung, Begünstigung oder Beeinflussung gleichgesetzt. Das
ist nicht haltbar. Wäre dieser Ansatz gerechtfertigt, dürften wir uns
im privaten Umfeld auch keine Geschenke mehr überreichen. Warum schenken Sie denn Ihrem Partner oder Ihrem Kind etwas? Um
eine Gegenleistung zu bekommen?

Jeder erhält gern ein Geschenk und damit Anerkennung. Das ist
gut so, denn in einem intakten beruflichen sozialen Umfeld lassen
sich Projekte viel einfacher realisieren und es macht mehr Spaß, seine Kompetenz einzubringen und Leistungen zu erbringen. Also:
Schenken Sie kräftig, aber aus aufrichtigen Motiven und in einem
angemessenen Rahmen. Dann werden Sie Freude bereiten.

13.2
Was schenken?

Degradieren Sie sich nicht, indem Sie standardisierte, billige Werbe-
geschenke übergeben. Mit solchen Einfallslosigkeiten sollten Sie Ih-

re geschäftlichen Partner nicht behelligen. Da kann ich Ihnen nur raten: Schenken Sie besser nichts.

Schon um den Empfänger nicht in Verlegenheit zu bringen, sollten Sie im geschäftlichen Bereich auf allzu teure Präsente verzichten. Viel wertvoller ist eine kleine Aufmerksamkeit, die zeigt, dass Sie sich Gedanken gemacht haben. Schenken Sie etwas, in dem sich der Beschenkte wieder findet, angesprochen und verstanden fühlt. Wie im Privaten kommt es weniger auf den materiellen Wert an, sondern auf die Geste als solche. Die Faustregel lautet: Je enger die Beziehung zum Geschäftspartner, desto aufwändiger und auch persönlicher darf das Präsent sein.

Heben Sie sich vom Mainstream ab. Lassen Sie sich etwas einfallen! Schenken Sie nicht nur zu Weihnachten, sondern überraschen Sie die Leute mit kleinen Geschenken während des Jahres. Zeigen Sie dem Empfänger, dass er (oder sie) Ihnen wichtig ist. Lassen Sie sich durch die Interessen der Personen inspirieren.

Praxistipp: Jeder Geschäftsreisende, der andere Länder oder gar andere Kontinente bereist, sollte sich auch bei Geschenken gut mit den Gepflogenheiten und Sitten des jeweiligen Landes auseinandersetzen.

Amateur ✶

Er verschenkt so gut wie nie etwas, und wenn, sieht er Geschenke als Mittel an, um Geschäftspartner zu belohnen oder zu manipulieren.

Profi ✶✶✶✶

Er sieht Geschenke als hervorragende Möglichkeit, um seinen Geschäftspartnern Respekt und Wertschätzung zu zeigen. Er weiß, dass das Arbeiten in einem sozial intakten Geschäftsumfeld mehr Spaß macht. Er wählt Geschenke individuell und sorgfältig aus.

14 Ihr Auto: Mehr als Blech auf Rädern

Was Sie erwartet:

> Das Automobil: Sprichwörtlich liebstes Kind
> Fahrzeugtyp: Es geht nicht nur um Optik und Technik
> Auswahlkriterien: Am Umfeld orientieren
> Fabrikat: Am besten von einem deutschen Hersteller kaufen

Statussymbol obersten Ranges ist und bleibt – neben dem Haus – das Auto. Und das gilt wohl noch mehr für Männer als für Frauen.

Sicherlich ist die Investition in ein Auto nicht mehr direkt proportional zum Einkommen zu interpretieren, wie noch vor einigen Jahrzehnten, als nur einkommensstarke Personen einen Mercedes fuhren. Dennoch gilt auch heutzutage noch die Kette der Rückschlüsse: teures Auto = hohe Investition = hohes Einkommen = erfolgreich im Beruf = hohe Fachkompetenz. Auch wenn sich mittlerweile fast jeder mit jedem Auto sehen lassen kann – Vermietung und Leasing machen es möglich – sollten Sie einiges berücksichtigen.

Großes Auto oder kleines Auto?

Fahren Sie ein kleines, preisgünstiges Auto, so sagen die einen, dass Sie nicht erfolgreich sind, weil Sie so ein kleines Fahrzeug fahren. Die anderen denken sich vielleicht, dass Sie ein ökonomisch und ökologisch verantwortungsbewusster Mensch sind und auf Statussymbole keinen Wert legen.

Wie dem auch sei. Sie wissen nicht, wie die anderen denken. In der Regel setzt man aber ein großes, teures Auto häufiger mit Erfolg und damit Fachkompetenz gleich als ein kleines, billiges.

Es ist günstig, wenn Sie Ihren Geschäftspartnern mit Ihrem Auto eine weitere verbindende Gemeinsamkeit zeigen. Das heißt, dass Sie kein sehr viel größeres Auto fahren sollten als die Personen in Ihrem beruflichen sozialen Umfeld – aber auch kein wesentlich kleineres.

Am besten orientieren Sie sich daran, welche Fahrzeuge Ihre Geschäftspartner und Kunden fahren.

- Sind Ihre Ansprechpartner im mittleren Management, so liegen Sie mit einem Fahrzeug der Mittelklasse richtig.
- Sind Ihre Ansprechpartner im oberen Management, so darf es auch gern die gehobene Mittelklasse oder Oberklasse sein.
- Sind Ihre Ansprechpartner Geschäftsführer und Vorstände, dann dürfen Sie auch mit einer Oberklasse-Limousine vorfahren.
- Sind Sie im Außendienst eines Unternehmens tätig, das Software-Lösungen vertreibt und die meisten Ihrer Kunden sind Ford-Händler, dann tun Sie gut daran, einen Ford zu fahren.

Auch wenn das Angebot ausländischer Fahrzeuganbieter sehr umfangreich ist: Deutsche Hersteller genießen immer noch ein höheres Ansehen als ausländische. Dies ist primär eine Frage des Images und weniger eine Frage der tatsächlichen Qualität.

Ähnlich wie bei Ihrer Kleidung, stellt sich auch bei der Auswahl Ihres Fahrzeugs die Frage, welche Botschaft Sie den Personen, die Sie mit dem Fahrzeug sehen, mitteilen möchten.

Um die Bedeutung des passenden Fahrzeugs zu belegen, will ich Ihnen ein Beispiel erzählen: Vor einigen Wochen telefonierte ich mit einem Kunden. Das Vertriebsteam für eine deutsche Niederlassung sollte durch einen weiteren Vertriebsmitarbeiter verstärkt werden. Die Personalsuche sollte an eine externe Personalberatung vergeben werden. Zwei Personalberatungen, A und B, stellten sich vor und waren hinsichtlich der angebotenen Leistungen und der Unternehmensgröße vergleichbar. Den Auftrag bekam die Beratung B. Auf meine Frage, warum man sich für Beratung B entschieden habe, antwortete der verantwortliche Vertriebsleiter: „Weil die Herren der Beratung A mit einem Fahrzeug der Oberklasse vorgefahren sind. So ein Auto fährt noch nicht einmal unser Geschäftsführer."

Fazit: Am neutralsten fahren Sie mit einem Mittelklasse-Kombi deutschen Fabrikats. Die einen sind nicht neidisch, die anderen stellen Ihren Erfolg nicht in Frage.

Amateur ✳

Er sieht es als unwichtig an, in welchem Auto er sich
fortbewegt, weil er der Meinung ist, dass sich die Zeiten geändert haben.

Profi ✳✳✳✳✳

Er ist sich bewusst, welche wichtige Rolle sein Auto für
sein Image spielt – zumal, wenn er ein Mann ist und
hauptsächlich mit Männern zu tun hat. Sein Auto ist weder
zu groß, noch zu klein und vorzugsweise ein deutsches
Fabrikat.

15 Ihre Uhr: Zeigt mehr als die Zeit

Was Sie erwartet:

➤ Die Uhr am Handgelenk: Besonders für Männer ein wichtiges Accessoire
➤ Der Versuchung widerstehen: In Frage kommt nur das Original
➤ Imagefaktor Uhr: Teil eines stimmigen Gesamtbilds

Nach wie vor ist auch die Uhr ein wichtiges Statussymbol. Auch hier lässt sich eine Ableitung herbeiführen: Wenn jemand eine teure Uhr trägt, dann muss er so erfolgreich sein, dass er sie sich leisten kann. Für Männer ist die Uhr noch bedeutsamer als für Frauen. Dies liegt unter anderem daran, dass Frauen durch den Schmuck, den sie tragen, weit mehr Möglichkeiten haben, ihren Status und ihren Stil zu zeigen, als Männer.

15.1
Bitte nur das Original

Kommen Sie bitte nicht auf die Idee, sich von Ihrem nächsten Auslandsaufenthalt ein Plagiat mitzubringen. Von zahlreichen Seminarteilnehmern weiß ich, dass die Versuchung groß ist. Dennoch – einmal ganz abgesehen von rechtlichen Belangen – sagt allein die Tatsache, dass jemand ein Plagiat für 30 € aus Bangkok trägt, schon viel über die innere Einstellung aus. Geht es um mehr Schein als Sein? Wenn ja, warum? Wo bleibt die Authentizität? Wer nicht viel Geld für eine Uhr ausgeben möchte, kann sich eine bescheidenere Uhr nach dem eigenen Geschmack kaufen. Schließlich geht es darum, durch und durch Profi mit Format zu sein, und nicht nur äußerlich – auf den ersten Blick – so zu wirken.

Nach meiner Erfahrung haben die Leute, die sich ein Plagiat um ihr Handgelenk binden, im Ganzen weder die äußere Erscheinung noch das Auftreten derer, die sich eine solche Uhr im Original kaufen.

15.2
Welche Uhr ist geeignet?

Fragen Sie sich in Bezug auf die Auswahl Ihrer Uhr: Was ist die Botschaft, die Sie vermitteln wollen? Berücksichtigen Sie, dass es einfach nicht zusammen passen will, wenn Sie 50.000 € im Jahr verdienen und eine Uhr tragen, deren Anschaffungspreis im fünfstelligen Bereich liegt.

Tragen Sie eine hochwertige Markenuhr mit Zifferblatt und Zeiger, die optisch und preislich ebenso gut zu Ihnen passt wie das Image der Uhrenmarke. Denn schließlich soll das Image der Uhrenmarke auf Sie übertragen werden.

Amateur ✷

Er trägt eine Uhr, um die Zeit ablesen zu können. Er freut sich, wenn er ein Plagiat zum Schnäppchenpreis bekommt. Dabei übersieht er, dass die Uhr nur ein Faktor von vielen ist, die in ihrer Gesamtheit wirken.

Profi ✷✷✷✷✷

Er weiß, dass eine Billiguhr sein Gesamterscheinungsbild stört und seine Glaubwürdigkeit aufs Spiel setzt. Er investiert keine Unsumme, leistet sich jedoch eine Uhr, die seiner angestrebten nächsten Position entspricht.

16 Ihre Unterschrift: Schwungvoll überzeugen

Was Sie erwartet:

➤ Die Unterschrift: Der Name als individueller Schriftzug
➤ Deutung: Die Schrift lässt auf das Wesen schließen
➤ Überzeugende Unterschrift: Mit Füller, nicht zu groß, nicht zu klein und einigermaßen leserlich

Bei Ihrer Unterschrift sollte man Ihren Namen aus dem Schriftbild herauslesen können. Ein waagerechter Strich oder zwei hingeworfene Kringel, wie viele nachlässig unterschreiben, reichen nicht aus und erinnern an Kinderpost.

Was die Unterschrift aussagt

An der handschriftlichen Namensunterzeichnung kann man grob erkennen, welche Charaktereigenschaften die unterzeichnende Person hat. Man muss weder Hellseher noch Graphologe sein, um hier in den meisten Fällen annähernd richtig zu liegen.

Eine sehr kleine Unterschrift lässt den Leser vermuten, dass die unterschreibende Person eine der Unterschriftsgröße entsprechend ausgeprägte Persönlichkeit hat. Eine solche Unterschrift wird gleichgesetzt mit übertriebener Vorsicht, starker Zurückhaltung, eingeschränktem Verantwortungsbereich.

Eine sehr große Unterschrift stößt ab, da der Leser darin den Versuch des Unterschreibenden sieht, sich besonders hervorzuheben. Der Leser assoziiert Angeberei und Überheblichkeit und geht auf Distanz zu dem Unterzeichnenden.

Eine optimale Unterschrift ist mittelgroß und lässt den Namen einigermaßen erkennen, selbst wenn sie nicht eindeutig lesbar ist. Sie signalisiert Ausgeglichenheit, Zielorientierung, sicheres Auftreten und Klarheit.

Unterschreiben Sie mit einem Füller. Blaue Tinte sieht am professionellsten aus.

Entscheiden Sie, was Sie mit Ihrer Unterschrift ausdrücken wollen und überprüfen Sie Ihren derzeitigen Unterschriftsstil.

Amateur ✻

Er kritzelt als Unterschrift irgendetwas aufs Papier und nimmt zum Unterschreiben den nächstbesten Kugelschreiber.

Profi ✻✻✻✻✻

Er zeigt sich mit seiner Unterschrift gern für das zu Unterschreibende verantwortlich. Er unterschreibt in einer mittleren Größe, halbwegs lesbar, mit einem Füller, in blauer Tinte.

17 Ihre Aktentasche: Leder oder Leder

Was Sie erwartet:

➤ Die Aktentasche: Mehr als Stauraum
➤ Erscheinungsbild: Stil zeigen mit einer hochwertigen Aktentasche
➤ Das Material: Nichts geht über Leder
➤ Professionalität: Keine Nachlässigkeiten bei den Utensilien

Ihre Aktentasche ist ebenfalls ein nicht zu vernachlässigendes Statussymbol. Hier ist Stil gefragt. Klare Ansage: Sie muss aus Leder sein.

17.1
Was alles nicht geht

Immer noch gibt es Spezialisten, die mit Kunstledertasche, Rucksack, oder Jutetasche zur Arbeit kommen. Aluminiumkoffer erinnern an den Waschmaschinen-Reparaturdienst und haben in der Businesswelt nichts verloren. Wer derartige Behältnisse benutzt, sollte sich Gedanken darüber machen, welche Botschaft er mit seiner Taschenwahl aussendet. Hier kann es nicht um Bequemlichkeit oder Zweckmäßigkeit gehen.

Unter den Arm geklemmte Papierbündel, die bei der Begrüßung wegrutschen, sind ebenso unprofessionell wie eine Aktentasche mit Flecken, abgestoßenen Ecken, einem speckigen Griff oder einem ausgeleierten Schloss. Daraus würde ein Kunde, ein Geschäftspartner oder ein Vorgesetzter schließen, dass Sie es mit Ihrer Arbeit auch nicht so genau nehmen.

17.2
Professionalität zeigen

Nicht nur die Aktentasche selbst, sondern auch die Dinge, die Sie aus Ihrer Aktentasche hervorholen, sollten tipptopp in Ordnung sein: Ihre Unterlagen sowie Ihre Utensilien vom Schreibblock über den Timer bis hin zu den Stiften. Sie präsentieren mit jedem einzelnen Stück sich, Ihre Kompetenz und Ihre Genauigkeit. Und mit allem präsentieren Sie schließlich auch Ihr Unternehmen und nicht nur sich selbst!

Durch die Unterschrift unter Ihrem Arbeitsvertrag haben Sie sich dazu bereit erklärt, den Unternehmenswert zu steigern. Dafür hat man Sie eingestellt. Unternehmer und Freiberufler haben zwar nichts unterschrieben, sollten sich jedoch ebenfalls verpflichtet fühlen, professionell aufzutreten, sich selbst und ihren Kunden gegenüber.

Prinzipiell gilt: Je kompetenter und erfolgreicher Sie sind und je mehr Sie zu entscheiden haben, desto kleiner ist Ihre Tasche. Wenn Sie ohne Tasche auf Reisen gehen können, dann brauchen Sie wahrscheinlich dieses Buch nicht mehr.

17.3
Für die Damen

Damen tragen entweder eine Handtasche oder eine Aktentasche, aber nicht beides. Das ist insofern sinnvoll, da ja meist noch die Laptoptasche hinzukommt. Mit drei Taschen sieht man aus wie ein voll bepackter Esel. Hier nochmals die Anmerkung: Je höher man (bzw. Frau) in der Hierarchie ist, desto weniger schleppt man. Also: Handtasche plus Laptoptasche oder Aktentasche plus Laptoptasche.

Amateur ✶

Er sieht in seiner Tasche nur ein Behältnis, um sein Frühstücksbrot ins Büro zu bringen und um seine diversen Unterlagen zu seinen Kunden zu transportieren. Dass die Tasche etwas mit Professionalität zu tun hat, ist ihm fremd.

Profi ✶✶✶✶

Er weiß, dass seine Aktentasche ein weiteres wichtiges Accessoire ist und der Profi nur Leder wählt. Er organisiert sich nach Möglichkeit so, dass er den aus den ersten Berufsjahren stammenden Pilotenkoffer im Keller lassen kann und mit kleiner Ledertasche reist.

18 Ihr Büro: Spiegelbild der Arbeitshaltung

Was Sie erwartet:

➤ Chaos war gestern: Ordnungssinn und Überblick zeigen
➤ Bürogestaltung: Ausdruck der Einstellung zur Arbeit
➤ Hinter geschlossener Tür: Ungestört und konzentriert arbeiten
➤ Arbeitsorganisation: Effizienz am Telefon

In Teil I des Buches haben Sie erfahren, dass zahlreiche außerfachliche Faktoren direkt auf Ihre Fachkompetenz übertragen werden. Das gilt in besonderem Maße auch für Ihr Büro.

Als Angestellter eines Unternehmens haben Sie wahrscheinlich keinen Einfluss auf Ihre Geschäftsadresse. Als Unternehmer oder Freiberufler sollten Sie hierauf achten. Neben der Stadt ist auch der Stadtteil wichtig, in dem Sie residieren. Der Ruf des Stadtteils wird auf Ihr Unternehmen übertragen.

„Zeige mir Deine Wohnung und ich sage Dir, wer Du bist", sagt der Volksmund. Für Ihr Büro gilt dasselbe. Zugegebenermaßen sind Sie nur als Freiberufler und Unternehmer in der Lage, Ihr Büro ganz nach Ihrem eigenen Geschmack einzurichten und zu gestalten. Für leitende Führungskräfte gibt es erst ab den oberen Hierarchieebenen das Privileg, ihr Büro selbst zu gestalten. Jeder weiß, dass Sie im Normalfall extrem wenig Spielraum haben, Einfluss auf die Bürogestaltung zu nehmen.

18.1
Ordnung halten

Auch wenn die Ausstattungsqualität Ihres Büros vorgegeben ist, haben Sie dennoch eine Reihe von Möglichkeiten, Ihre Fachkompetenz in Ihrem Büro sichtbar zu machen.

Beantworten Sie sich bitte die folgenden Fragen:

Wie sollen Ihrem Wunsch nach interne und externe Personen Ihr Büro sehen?

_____

_____

_____

Wie wirkt Ihr Büro hier und heute auf interne und externe Personen?

_____

_____

_____

Wenn Ihr Schreibtisch vor lauter Unterlagen überquillt, dann spricht das nicht gerade für Sie. Viele werden denken, dass es in Ihrem Kopf so aussieht wie auf Ihrem Schreibtisch. Wie wollen Sie ein Projekt logisch, strukturiert und detailgenau managen, wenn Sie ein Chaot sind? Je mehr Sie Ihr Büro vollgestellt und überladen haben, desto mehr signalisieren Sie Außenstehenden, dass Sie überlastet sind und den Überblick verloren haben.

Was können Sie tun, um Ihr Büro übersichtlicher und ordentlicher zu gestalten? Was können Sie tun, um es freundlicher zu gestalten?

Wie oft habe ich in den letzten Jahren Büros gesehen, die vernachlässigt wie eine Abstellkammer wirkten und ein Sammelsurium an Gegenständen aufgenommen hatten. Keine Zierde sind Topfpflanzen der billigsten Art in Tontöpfen mit Kalkflecken und Rändern, womöglich noch mit herausgebrochenen Ecken. Schreiten Sie zur Tat und beginnen Sie mit ersten Verbesserungen und Aufräumaktionen!

18.2
Das Büro bewusst gestalten

Ihr Büro ist nicht nur Mittel zum Zweck. Es drückt Ihren Geschmack, Ihren Stil und Ihre innere Haltung zu Ihrem Job aus. Der Schluss liegt nahe: Jemand, der sein Büro vernachlässigt, hat kein Interesse, einen guten Job zu machen. Die Freude, die Begeisterung, die Sie für Ihren Job empfinden, muss in Ihrem Büro wahrnehmbar sein.

Diplome und Zeugnisse dürfen Sie aufhängen, wenn Sie eine sinnvolle Antwort auf die Frage „Warum hänge ich mein Diplom auf?" finden.

Ein Bild Ihrer Familie auf dem Schreibtisch ist passend, zeugt es doch von der Kontinuität in Ihrem Leben und indirekt auch von Ihrem Verantwortungsbewusstsein. Mit solchen Menschen arbeitet man gern zusammen.

Wenn Sie Zeichnungen Ihrer Kinder haben, dann kleben Sie diese bitte nicht irgendwie an die grauen Schränke oder befestigen Sie sie auch nicht mittels Klebestreifen an der Wand. Rahmen Sie sie ein. Nur so sieht Ihr Büro erträglich aus und nicht wie das Jugendzimmer eines Zwölfjährigen.

Legen Sie ein paar persönliche Gegenstände auf ein Sideboard oder auf Ihren Schreibtisch und wechseln Sie diese immer mal wieder aus. So haben Personen, die Sie in Ihrem Büro besuchen, immer reichlich Gesprächsstoff für den Small Talk. Sportliches wird immer gern gesehen, steht es doch für Leistungsbereitschaft und Kampfgeist. Ein Tennispokal reicht aber. Lassen Sie die anderen 19 zu Hause in der Vitrine.

Ach ja, und verzichten Sie in Ihrem Büro auf Urlaubsfotos und Fotos von Stränden als Bildschirmschoner. Das könnte so verstanden werden, als hätten Sie keine Lust zu arbeiten, wären mit den Gedanken schon im nächsten Urlaub und lägen viel lieber am Strand als Ihre Arbeit zu erledigen.

18.3
Tür zu

Immer wieder ein heikles Thema: Tür auf oder Tür zu? Vergessen Sie ganz schnell alles, was man Ihnen Positives über die „Open-Door-Policy" erzählt hat. Diese kontraproduktive Idee kam Anfang der 80er Jahre nach Deutschland und beeinflusst heute noch zahlreiche Manager – allerdings negativ.

Alle Profis ziehen sich zum Arbeiten zurück, weil Sie wissen, dass man dann konzentrierter bei der Sache sein kann und dem Unternehmen einen größeren Nutzen bringt. Sie müssen in Ruhe arbeiten können. Eine geschlossene Tür verstehen nur Amateure als Abschottung oder soziale Ausgrenzung – und deren Meinung kann Ihnen egal sein.

Ihre Zeit ist ein knappes und wertvolles Gut und Sie tun gut daran, das Ihrem Umfeld zu signalisieren. Machen Sie sich rar. „Willst Du was gelten, dann zeige Dich selten". So oder ähnlich sagt es der Volksmund. Wenn Sie schließlich für jemanden zehn Minuten Zeit haben, dann wird derjenige es zu schätzen wissen.

Schließen Sie immer die Tür, sobald Sie den Besuch empfangen haben. Damit zeigen Sie dem Besucher, dass er Ihnen wichtig ist, Sie sich auf ihn konzentrieren wollen und Sie das Gespräch vertraulich behandeln.

18.4
Effizient telefonieren

Richten Sie es nach Möglichkeit so ein, dass Sie nicht selbst ans Telefon gehen, sondern zunächst Ihre Assistentin die Anrufe entgegennimmt. Damit können Sie die Anrufe filtern und Zeiträubern entgehen. Und natürlich werden Sie von den Anrufenden als höherstehend eingestuft, wenn man erst mit Ihnen verbunden werden muss.

Wenn Sie ans Telefon gehen, seien Sie bitte immer entspannt und nehmen sich angemessen Zeit für den Anrufer. Personen, die ans Telefon gehen und hektisch, knapp und unfreundlich dem Anrufer mitteilen, dass sie keine Zeit haben, gehören in meinen Augen zu den größten Amateuren. Denn: Wer es fachlich drauf hat, wird nicht so unprofessionell reagieren – auch nicht, wenn Lieferanten oder ihm untergebene Personen anrufen.

Wenn Ihre Zeit sehr begrenzt ist, dann fragen Sie gleich nach einer kurzen, freundlichen Begrüßung, wann Sie am besten zurückrufen können. Bitte keine Sätze wie: „Rufen Sie mich doch morgen noch mal an, ich bin gerade in einer Besprechung." Stattdessen könnten Sie sagen: „Ich möchte Sie gerne zu einem anderen Zeitpunkt zurückrufen, damit ich dann in Ruhe mit Ihnen sprechen kann."

Amateur ✻

Sein Büro ist lieblos und chaotisch. Für ihn ist sein Büro
der Platz, an dem er die Stunden des Tages verbringt, für
die er bezahlt wird. Die Tür hat er immer auf, um auch mit-
zubekommen, was um ihn herum so los ist.

Profi ✻✻✻✻✻

Sein Büro ist stilvoll und ordentlich. Er betrachtet sein Büro
als einen Spiegel seiner Einstellung zum Job. Er tut alles,
um sein Engagement und seine Kompetenz auch über das
Büro sichtbar zu machen. Die Tür hat er immer zu, um
konzentriert arbeiten zu können.

19 Ihr Besprechungsraum: Aufräumen und aufmöbeln

Was Sie erwartet:

> Was der Besucher wahrnimmt: Viele Einzelheiten ergeben ein Gesamtbild

> Augen auf: Vollständige Mängelliste erstellen

> Initiative ergreifen: Zur Not auch selbst für Abhilfe sorgen

Nicht nur der Besprechungsraum selbst, sondern auch der Weg vom Parkplatz bis zum Besprechungsraum vermittelt dem Besucher ein Bild von Ihrem Unternehmen. Seien Sie perfektionistisch und gehen Sie den Weg vom Empfang zum Besprechungsraum mit einem Notizblock bewaffnet ab und vermerken Sie alle unschönen Eindrücke, die Ihnen ins Auge springen. Sehen Sie alles aus der Sicht eines externen Besuchers.

19.1
Was es alles gibt

Ich gebe Ihnen einige Beispiele für verbesserungswürdige Dinge:

...beginnen wir schon vor dem Gebäude...

- ständig von Mitarbeitern belegte Besucherparkplätze

...und treten dann ein...

- verqualmter Empfangsbereich
- unfähige und unfreundliche Mitarbeiter im Empfangsbereich
- als Ablageräume missbrauchte Flure
- über die Flure lauthals rufende Mitarbeiter

...wir sind immer noch nicht im Besprechungsraum...

- Radiogedudel aus den Büros
- schlecht gelaunte Mitarbeiter

- nicht grüßende Mitarbeiter
- Flaschen, die in Ecken auf ihre Entsorgung warten

...und jetzt kommen wir in den Besprechungsraum...

- abgestandene Luft, ungeheizter oder überheizter Raum
- abgewohntes Mobiliar im Charme der 70er und 80er Jahre (dunkelbrauner oder moosgrüner Stoffbezug der Stühle!)
- Telefon aus der Zeit, in der diese Stühle noch neu waren
- Flaschenränder auf den Tischen
- verstaubte Fensterbänke
- vollgeschmierte Flipcharts und Whiteboards
- Kabelsalat der Technik (Beamer etc.)
- Kartonagen in den Ecken, da der Raum auch als Abstellraum benutzt wird

...und so weiter.

Sie können sicher sein, dass alles, was Sie umgibt – und hierzu gehört auch der Besprechungsraum – auf Ihre Person und Ihre Fachkompetenz übertragen wird – ob Sie dafür verantwortlich sind oder nicht. Das ist ja gerade der Knackpunkt: Keiner fühlt sich verantwortlich. Deshalb sind die Dinge, wie sie sind.

Sie können Ihren Gästen noch so viel von den Leistungen Ihres Unternehmens erzählen, sie glauben Ihnen kein Wort, wenn das, was sie sehen, nicht tipptopp in Ordnung ist. Außerdem signalisieren oben genannte Missstände einen Mangel an Respekt und Wertschätzung Besuchern gegenüber.

19.2
Änderungen herbeiführen

Das heißt für Sie: Machen Sie Bestandsaufnahme. Was muss zwischen Empfang und Besprechungsraum geändert werden, damit Ihre

Gäste einen rundherum positiven Eindruck gewinnen und sowohl Sie als auch Ihr Unternehmen für kompetent und professionell halten? Mitarbeiter, die Drive haben und erfolgsorientiert sind, achten auf solche „Kleinigkeiten" und ergreifen die Initiative, Abhilfe zu schaffen. Und Sie sind doch solch ein Mitarbeiter, oder nicht?

Im Zuge eines meiner Seminare hat ein Unternehmen von mir ein Feedback zu diesem Thema gewünscht und bekommen. Einige Tage später standen die Maler im Besprechungsraum, weitere Mängel wurden ebenfalls behoben und bald sah alles einladend und professionell aus.

Die Folge: Die Mitarbeiter treten jetzt viel selbstsicherer auf und können die Leistungen des Unternehmens, die Alleinstellungsmerkmale der Produkte und Ihre eigene Fachkompetenz glaubwürdiger präsentieren.

Amateur ✶

Er fühlt sich für Missstände im Besprechungsraum und auf dem Weg dorthin nicht verantwortlich und schiebt alles auf andere. Dass es in vielen anderen Unternehmen nicht besser aussieht, beruhigt ihn.

Profi ✶✶✶✶

Er geht mit feinen Antennen durch das Unternehmen und sieht sich um, als ob er ein Besucher wäre. Er weiß, dass alles, was das Auge stört, ein schlechtes Licht auf ihn wirft. Er veranlasst notwendige Änderungen, notfalls kümmert er sich freiwillig selbst um die Behebung von Missständen.

20 Ihr Umfeld: Top-Leute, Top-Chancen

Was Sie erwartet:

> ➤ Bewusst machen: Das Umfeld als Image-Faktor
> ➤ Nutzen: Rückhalt und Unterstützung durch das soziale Netz
> ➤ Erkennen: Der Einfluss durch die unmittelbare Umgebung
> ➤ Auswählen: Menschen und Bedingungen, die das eigene Wachstum fördern

Eines sollte Ihnen klar sein: Sie werden fachlich und persönlich so eingestuft wie die Leute, mit denen Sie sich umgeben. Wenn Sie auf der Terrasse eines Golfclubs einen Kaffee trinken, so werden Sie automatisch mit denen, die dort um Sie herum sitzen, gleichgesetzt. Und wenn Sie an einem Kiosk vor dem Fußballstadion eine Flasche Bier im Stehen trinken, dann werden Sie auch in dieser Situation mit den anderen am Kiosk in einen Topf geworfen. Beurteilen Sie selbst, welchen Einfluss dieses Phänomen auf Ihr Image hat, und entscheiden Sie dann, wo und mit wem Sie sich sehen lassen!

20.1
Lust statt Frust

Im Idealfall unterstützt Ihr soziales Umfeld Sie in Ihrem Tun. Kräfte zehrende berufliche Aufgaben, die Sie auch einmal über Gebühr strapazieren, werden ausgeglichen durch das Kraft spendende Zusammensein mit Ihrer Familie, Ihren Freunden und Verwandten.

Sicherheit aus einem intakten sozialen Umfeld ziehen zu können, ist langfristig unabdingbar. Zum einen geben Ihnen Ihre sozialen Beziehungen in schwierigen Situationen den entsprechenden Rückhalt, zum anderen behalten Sie familiär und gesellschaftlich den Anschluss und die Bodenhaftung. Vergessen Sie vor lauter Geschäftigkeit und Arbeitseifer nicht, Zeit und Aufmerksamkeit auch den Menschen zu schenken, die Ihnen nahe stehen. So werden Sie im privaten Bereich „Lust" statt „Frust" erleben und die nötige Stärkung für Ihre Herausforderungen im Beruf erfahren.

20.2
Die Guten ins Töpfchen, die Schlechten ins Kröpfchen

Beruflich und privat gilt: Schauen Sie sich alle Kontakte, die Sie pflegen, einmal näher an und prüfen Sie, welche Menschen Ihnen in den letzten Monaten mehr Energie abgesaugt haben, als Sie Ihnen gespendet haben. Ziehen Sie Bilanz über Geben und Nehmen.

Hüten Sie sich vor Energieräubern: Kappen Sie die Taue, wenn Sie ein eklatantes Ungleichgewicht feststellen und bei nüchterner Betrachtung auch keine Aussicht auf Veränderung besteht. Schon durch die bloße Anwesenheit solcher Personen werden Sie in Ihrem Handeln gebremst.

Jeder Ihrer Kontakte sollte zumindest eines der folgenden Kriterien erfüllen:

- Er sollte Ihnen Freude bringen.
- Er sollte Sie weiter bringen.

Wenn keines dieser Kriterien erfüllt wird, warum sollten Sie diesen Kontakt weiter pflegen?

Investieren Sie nicht in „tote" Beziehungen. Sich zu engagieren, ohne irgendwelche Früchte erkennen zu können, wirkt demotivierend und lähmend. Investieren Sie in Beziehungen, die das Wachstum Ihres Gegenübers und Ihr eigenes Wachstum sichtlich fördern. Sie können aus einem lahmen Esel kein Rennpferd machen, indem Sie ihn motivieren. Alles was Sie nach dem Motivieren haben, ist ein motivierter lahmer Esel – aber kein Rennpferd.

20.3
Unbedingt meiden: Verlierer und Super-Verlierer

Vor einigen Wochen war ich tagsüber im Fitness-Studio. In der Umkleidekabine, zwei Reihen vor mir, unterhielten sich zwei junge Männer. „Oh, Du bist hier, haste auch Urlaub?", fragte der eine. „Ne", sagte der andere, „habe die ganze Woche einen Krankenschein." Darauf der andere: „So kann man es auch machen." Ich meine: So sollte man es ganz sicher nicht machen, wenn man nicht als Verlierer auf der Strecke bleiben will.

Der Arbeit aus dem Weg zu gehen, unter dem Vorwand, krank zu sein, ist ein Trauerspiel, der Anfang vom beruflichen Abstieg. Halten Sie Abstand von solchen Leuten, deren Gedankengut geradezu die Anti-Formel für Zufriedenheit und Erfolg enthält.

Ebenso krass: Insbesondere in Großunternehmen gibt es sie, die Leute, die schon mit Mitte dreißig keine Lust mehr haben zu arbeiten und nur noch auf die Rente warten. Völlig demotiviert ziehen sie andere tagtäglich mit ihrer Unlust und ihrem Meckern herunter. Statt durch höhere Leistung ein höheres Gehalt zu erzielen, verfolgen sie eine fragwürdige Strategie: bei gleichem Gehalt weniger Leistung; was letztendlich einer Gehaltssteigerung gleichkommt. Dabei bedenken sie nicht, was in fünf oder zehn Jahren sein wird. Langfristig wird ihre Rechnung nicht aufgehen, sie gehören früher oder später zu den Super-Verlierern ohne Perspektive. Ich kann Ihnen vom Umgang mit solchen Menschen nur dringend abraten!

20.4
Geeignete Vorbilder

Ihre Weiterentwicklung wird stark geprägt von den Menschen, mit denen Sie viel zusammen sind: Vorgesetzte, Kollegen, Mitarbeiter, Geschäftspartner und Partner, Verwandte, Freunde, Bekannte.

Wir alle schauen uns Dinge von anderen ab, ähnlich wie ein Kind durch Nachahmung lernt. Sind die Eltern höflich, freundlich und zuvorkommend, dann wird das Kind das übernehmen. Werfen die Eltern das Verpackungspapier eines Kaugummis auf den Boden, so werden die Kinder dies auch tun. Äußern die Eltern sich regelmäßig abfällig über andere, wird das Kind ähnlich geringschätzig über diesen und jenen sprechen. Stehen die Eltern mit beiden Beinen im Leben, verfolgen beharrlich ihre Ziele und sind erfolgreich, so wird das für das Kind zum Vorbild. Wenn das Kind älter ist, hat das Umfeld in Schule und Freizeit einen wachsenden Einfluss, was in eine begrüßenswerte oder auch in eine unliebsame Richtung gehen kann.

Auch als Erwachsene lernen wir viel von den Menschen, die uns umgeben. Wir ahmen sie nach, wir entwickeln uns nach ihrem Vorbild. Es macht also einen gewaltigen Unterschied, wen wir um uns haben. Entweder wir entwickeln uns weiter oder wir bleiben stehen oder – im ungünstigsten Fall – wir fallen zurück.

20.5
Das Wachstumsklima

Außerdem spielen die Umgebungsbedingungen eine große Rolle für das Wachstum. Wie förderlich ist das Klima für Sie? Wie viel Raum steht Ihnen zur Verfügung? Welchen Begrenzungen sind Sie unterworfen? Nehmen Sie zum Beispiel eine Clematis, die zur Gattung der Kletterpflanzen gehört. Steht diese zu sehr im Schatten oder zu trocken, wird sie nur wenig wachsen, obwohl es in ihr steckt, nach oben zu streben. Nur wenn sie ausreichend Sonne und Wasser bekommt, entwickelt sie sich entsprechend ihren Anlagen, klettert kräftig empor und blüht auf.

Oder durch ein anderes Beispiel ausgedrückt, das ich vor einigen Jahren hörte: „Wenn Sie einen kleinen Hai in ein Wasserglas setzen, wird er nur so wachsen, wie es die Glasgröße zulässt." Zwar habe ich nicht überprüft, ob das stimmt, doch ist dies sicherlich ein treffendes Bild. Was ich Ihnen damit sagen will: Achten Sie darauf, dass Ihre Umgebung Ihnen optimale Wachstumsbedingungen bietet. Rücken Sie sich ins rechte Licht, verbinden Sie sich mit nährenden Kraftquellen, bewahren oder schaffen Sie sich Freiräume für Ihr Wachstum.

20.6
Der Entwicklungsprozess

Schauen Sie sich in Ihrem privaten sozialen Umfeld um. Kann es sein, dass die meisten Menschen, die Sie umgeben, ähnlich viel verdienen wie Sie? Die Erfahrung zeigt: In den meisten Fällen ist das so. Dasselbe wie für das Einkommen gilt für die Karrierestufe und für das soziale Prestige.

Wenn Sie sich weiterentwickeln, dann ist es günstig, wenn Ihr soziales Umfeld mit diesem Entwicklungsprozess Schritt hält. Zumindest von der Tendenz her sollte es eine einigermaßen parallel laufende Entwicklung geben. Sonst kann daraus ein Sie behindernder Faktor entstehen. Wenn Sie nämlich über die Menschen, die Sie privat und beruflich umgeben, hinauswachsen, gefällt es denen meistens nicht, da sie merken, dass sie zurückbleiben. Diejenigen werden erfahrungsgemäß eher versuchen, Sie zurückzuhalten, als Sie anzuspornen.

Ihre Entwicklung ist ein kontinuierlicher Prozess, der in aller Regel besonders gefördert wird durch Menschen, die ähnlich viel erreicht haben wie Sie oder die schon weiter sind in ihrer Entwicklung als Sie.

Ein Student wird gefördert, indem er mit anderen Studenten zusammenkommt, vielleicht aus höheren Semestern. Ein Berufsanfänger wird gefördert von Menschen, die auch im Beruf stehen, womöglich schon in einer höheren Position. Ein Mitarbeiter in einer mittleren Position wird gefördert von erfolgreichen Kollegen und von Führungskräften. Das zugrunde liegende Prinzip ist, dass diejenigen, die schon weiter gekommen sind, Sie mitnehmen auf die nächst höhere Entwicklungsstufe. Für Sie bedeutet das: Suchen Sie Ihre Kontakte auf gleicher Ebene und auf der, die Sie anstreben. Ihr Freundes- und Bekanntenkreis wird sich mit Ihnen und Ihren Interessen und Ambitionen wandeln. Manche Kontakte fallen ganz automatisch mit der Zeit weg, andere kommen hinzu. Sie können diese Umstrukturierung steuern und gezielt für Ihr Wachstum nutzen.

Amateur ✶

Er hält das soziale Umfeld für unwichtig, vernachlässigt förderliche Kontakte und umgibt sich mit Personen, die weniger „drauf" haben als er.

Profi ✶✶✶✶✶

Er weiß, dass es ohne unterstützendes soziales Umfeld unmöglich ist, langfristig erfolgreich zu sein und sucht gezielt nach Kontakten, die ihm ein Weiterkommen – beruflich und persönlich – ermöglichen.

21 Ihre Eigen-PR: Bekanntheit zählt

Was Sie erwartet:

➤ Öffentlichkeitsarbeit: Klappern gehört zum Handwerk
➤ Vorträge und Artikel: Von sich reden machen
➤ Ein Buch: Hervorragendes PR-Instrument

Machen wir einen Ausflug zu den Promis. Damit meine ich Prominente im herkömmlichen Sinn, wohl wissend, dass seit dem Start der Container-Serien, Soaps und Telenovelas fast jeder ein Promi werden kann.

Warum sind bestimmte Sängerinnen erfolgreich? Weil Sie so gut singen können? Bestimmt nicht. Weil ihr Marketing gut ist und die Öffentlichkeit auf diese Person aufmerksam gemacht wurde.

Warum kaufen die Leute Kochbücher von Männern, die im Fernsehen hektisch und unkoordiniert kochen? Kochen, ein Allerweltsthema. Es gibt Tausende von Kochbüchern. Nein, ausgerechnet Herrn X spricht man mehr Kompetenz zu als allen anderen, nur weil er für ein breites Publikum immer wieder auf dem Bildschirm zu sehen ist.

Kommen wir zu Ihnen: Sie sind fachlich sehr gut? Und wer weiß das? Für Ihren Erfolg ist es ausschlaggebend, dass Sie Ihre Kenntnisse und Fähigkeiten bekannt machen.

Vom Vortrag über den Artikel bis zum Buch

Ihre Fachkompetenz zeigen Sie z. B. durch Vorträge, die Sie auf öffentlichen Veranstaltungen als „der Experte für..." halten. Sie können auch Workshops an Universitäten oder Fachhochschulen durchführen. Das beeindruckt auch!

Verfassen Sie Fachartikel für Zeitungen und Magazine, die innerhalb Ihrer Branche gelesen werden. Auch interne Unternehmensmagazine, Foren im Internet, Messezeitungen, Tageszeitungen bieten sich an. Oder: Schreiben Sie ein Buch!

Personen, die zu einem bestimmten Thema etwas verfasst und veröffentlicht haben, traut man mehr zu. Und das ist auch berechtigt. Wenn Sie es nämlich fachlich „drauf" haben, ist es für Sie keine allzu große Sache, sich mit einem Fachthema intensiv auseinanderzusetzen und etwas zu Papier zu bringen. Oder doch?

Wenn sich bei der Aufforderung „Schreiben Sie doch mal einen Artikel oder ein Buch" Ihr Gesicht verzieht, als wenn Sie in eine Zitrone gebissen hätten, dann kommt hier die Lösung für Sie: Lassen Sie schreiben! Alles kann man nicht delegieren – die Buchidee, das Gedankengut, das inhaltliche Know-how muss von Ihnen kommen, schließlich sind Sie der Experte bzw. die Expertin. Aber die Feinarbeit kann Ihnen abgenommen werden: Schreiben Sie zu einem bestimmten Thema den Rohtext und engagieren Sie eine/n Klartexter/-in, der/die für Sie den Text professionell bearbeitet.

Amateur ✶

Er denkt, dass alle wissen müssten, wie gut er ist. Fachartikel zu schreiben, ist ihm verhasst. Auf die Idee, sich beim Schreiben von einem Textprofi unterstützen zu lassen, kommt er nicht.

Profi ✶✶✶✶✶

Er weiß, dass Veröffentlichungen seinen Ruf als Experte festigen. Schreiben gehört zwar nicht zu seinen Lieblingsbeschäftigungen, jedoch hat er genug Energie, Ausdauer und Disziplin, um inhaltlich etwas zu Papier zu bringen, was er anschließend von einem Profi bearbeiten lassen kann.

Schlusswort: Ihr Sprung in die höhere Liga

Es ist heute allein nicht mehr ausreichend, Fachkenntnisse erworben zu haben und diese einzusetzen, um seinen Marktwert zu sichern und voranzukommen. Den Sprung in die höhere Liga schaffen Sie nur, wenn Sie auch die Spielregeln, die außerhalb Ihrer reinen Fachkompetenz liegen, kennen und beachten und sich selbst gekonnt in Szene setzen.

Manch einer kauft sich einen teuren Anzug und ein eindrucksvolles Auto und denkt, er habe damit schon genug getan, um in die Profiliga aufzusteigen. Ganz so einfach ist es nicht. Bei näherem Hinsehen gleicht er einem Jungen im Kommunionsanzug, wenn die Persönlichkeit nicht mitgewachsen ist. Seine Kompetenz überzeugend sichtbar zu machen, ist ein Entwicklungsprozess.

Die Menschen, die Sie als absolut kompetent und selbstsicher wahrnehmen, haben meist jahrelang daran gearbeitet. Geben Sie sich daher Zeit, um an Ihrem Profil und Ihrer Außenwirkung zu arbeiten. Und erwarten Sie keine allzu schnellen Resultate.

Dieses Buch soll erste Denkanstöße geben, um die noch verbesserungswürdigen Bereiche aufzudecken und Sie einladen, sich mit diesen intensiv auseinander zu setzen.

Schieben Sie die Verantwortung für Ihre Weiterentwicklung nicht dem Unternehmen zu, in dem Sie tätig sind, denn die meisten Dinge können Sie in Eigenregie selbst realisieren. Ich frage Sie: Erreichen Sie die höhere Liga, wenn sie so weiterarbeiten, wie Sie derzeit arbeiten? Oder ist es an der Zeit, dass Sie aus der Deckung hervortreten und Ihrem Umfeld zeigen, was in Ihnen steckt?

Sicherlich gibt es auch Unternehmen, in denen nichts geht. Wenn Sie definitiv der Meinung sind, in einem solchen Unternehmen zu sein, warum sind Sie dann noch für dieses Unternehmen tätig?

Nehmen Sie sich regelmäßig Zeit, um über Ihre beruflichen Ziele nachzudenken. Sie kommen nämlich irgendwo an, wo Sie womöglich gar nicht hin wollten, wenn Sie sich keine Gedanken gemacht haben und keine konkreten Ziele vor Augen haben. Viele wundern sich, warum andere erfolgreich sind und große Ziele erreichen und sie nicht. Der Hauptgrund ist meistens der, dass sie nicht genau wissen, was sie unter Erfolg verstehen und ihre Ziele nicht genau kennen.

Gute Ideen und Pläne hat jeder – auf die konsequente Umsetzung kommt es an. Was den Profi vom Amateur unterscheidet, ist, dass er mehr Energie für die Umsetzung aufwendet und sich nicht so leicht von seinem Vorhaben abbringen lässt. Ein Profi kanalisiert seine Kräfte und konzentriert sich auf die wesentlichen Bereiche, die zur Zielerreichung führen.

Markieren Sie das Buchkapitel, bei dem Sie Ihre größten Potenziale sehen und beginnen Sie mit der Realisierung angestrebter Verbesserungen. Erst wenn Sie dieses Potenzial erfolgreich ausgeschöpft haben, nehmen Sie sich ein weiteres Kapitel vor. Kommen Sie nicht auf den Gedanken, alles gleichzeitig anzugehen, sonst kann es passieren, dass nichts richtig gelingt.

Starten Sie Ihre Verbesserungen sofort – egal wie alt Sie sind, egal welche Position Sie haben. Die ersten kleinen Erfolge werden Ihnen das Gelesene bestätigen und Sie dazu motivieren, an sich zu glauben und weiter an sich zu arbeiten. So werden Sie als Profi große Erfolge feiern!

Literatur

Arden, P.: Es kommt nicht darauf an, wer Du bist, sondern wer Du sein willst., Berlin: Phaidon 2005

Bandelow, B.: Das Angstbuch: Woher Ängste kommen und wie man sie bekämpfen kann. Reinbek: Rowohlt 2004

Bettger, F.: Lebe begeistert und gewinne. 42. Aufl. Zürich: Oesch Verlag 2002

Carnegie, D.: Wie man Freunde gewinnt: Die Kunst beliebt und einflussreich zu werden. Gütersloh/Wien/Stuttgart: Bertelsmann 1981

Humes, J. C.: Speak like Churchill, stand like Lincoln: 21 powerful secrets of history's greatest speakers. New York, NY/USA: Three Rivers Press 2000

Jaye, A.: The golden rule of schmoozing: the authentic practice of treating others well. Naperville, IL/USA: Sourcebooks 1998

Kirschner, J.: Die Kunst ein Egoist zu sein: Das Abenteuer, glücklich zu leben, auch wenn es anderen nicht gefällt. München: Knaur 1976

Knigge, M. Freiherr; Cornelsen, C.: Zeichen der Macht: Die geheime Sprache der Statussymbole. Berlin: Econ 2006

Kohlmann-Scheerer, D.: Gestern Kollege - heute Vorgesetzter: So schaffen Sie den Rollentausch. Offenbach: Gabal 2004

Korda, M.: Anatomie des Erfolgs: Insiderwissen für Aufsteiger. München: Heyne 1986

Lermer, S.: Small Talk: Nie wieder sprachlos. München: Haufe 2003

Märtin, D.: Image-Design: Die hohe Kunst der Selbstdarstellung. München: Heyne 2000

Preußners, D.: Sicheres Auftreten für Ingenieure im Vertrieb: So machen Sie Ihre Kompetenz für den Kunden sichtbar. Wiesbaden: Gabler 2006

Sawtschenko, P.; Herden, A.: Rasierte Stachelbeeren: So werden Sie die Nr. 1 im Kopf Ihrer Zielgruppe. 2. Aufl., Offenbach: Gabal 2000

Schiffman, S.: Make it happen before lunch: 50 cut-to-the-chase strategies for getting the business results you want. New York, NY/USA: McGrawHill 2000

Serafino, L.: Sales Talk: how to power up sales through verbal mastery. Avon, MA/USA: Adams Media 2003

Weisser, M.: Selbstdarstellung & Selfmarketing: So werden Sie eine unverwechselbare Persönlichkeit. Regensburg/Düsseldorf/Berlin: Fit for Business 2001